□ 组合数学丛书

概率方法十讲

（第二版）

Ten Lectures on the Probabilistic Method

Second Edition

□ Joel Spencer　著

□ 雷辉 史永堂 顾冉 岳军　译

中国教育出版传媒集团

高等教育出版社·北京

图字：01-2021-2130 号

图书在版编目（CIP）数据

概率方法十讲 /（美）乔尔·斯潘塞 (Joel Spencer) 著；
雷辉等译 . --2 版 . -- 北京：高等教育出版社，2023.9
（组合数学丛书）
书名原文：Ten Lectures on the Probabilistic Method,
Second Edition
ISBN 978-7-04-060657-7

Ⅰ . ①概… Ⅱ . ①乔…②雷… Ⅲ . ①概率方法
Ⅳ . ① O156

中国国家版本馆 CIP 数据核字（2023）第 110485 号

GAILÜ FANGFA SHIJIANG

策划编辑　和　静　　　责任编辑　和　静　　　封面设计　张　楠　　　版式设计　徐艳妮
责任校对　张　薇　　　责任印制　耿　轩

出版发行	高等教育出版社	网　址	http://www.hep.edu.cn
社　址	北京市西城区德外大街4号		http://www.hep.com.cn
邮政编码	100120	网上订购	http://www.hepmall.com.cn
印　刷	北京市联华印刷厂		http://www.hepmall.com
开　本	787mm × 1092mm　1/16		http://www.hepmall.cn
印　张	7.5		
字　数	100千字	版　次	2023 年 9 月第 1 版
购书热线	010-58581118	印　次	2023 年 9 月第 1 次印刷
咨询电话	400-810-0598	定　价	49.00 元

本书如有缺页、倒页、脱页等质量问题，请到所购图书销售部门联系调换
版权所有　侵权必究
物 料 号　60657-00

译者前言

本书的作者 Joel Spencer 是离散数学领域的著名专家, 他不仅研究成果卓著, 而且出版了一些很有影响力的著作和教材. 这本《概率方法十讲》(*Ten Lectures on the Probabilistic Method*) 就是其中的一部经典教材. 这本书主要讲授了概率方法在一些经典组合图论问题中的应用, 经常作为组合图论方向研究生的入门教材.

本书共分十讲, 第 1 讲从 Ramsey 数、竞赛图排序、边差异、van der Waerden 定理这几个经典组合图论问题出发, 介绍了概率方法在组合图论中的应用; 第 2 讲介绍了删除法在 Ramsey 数、Turán 定理、竞赛图排序这几个经典问题中的应用; 第 3 讲介绍了随机图模型和随机图中的阈值函数, 并以 "包含 4 个顶点的团" 这个性质为例, 深入探讨了它的阈值函数. 第 4 讲从第 1 讲极端尾部中一个定理入手, 介绍了大偏差, 接下来以大偏差中的两个问题——差异和推动者–选择者游戏入手分别介绍了一个动态算法和一个双曲余弦算法. 第 5 讲将第 4 讲中的差异进行扩展, 介绍了遗传差异和线性差异, 并给出了矩阵形式、线性代数归约、同时舍入、凸集这几个方法在差异问题中的应用. 第 6 讲介绍了 Gale-Berlekamp 切换游戏, 并给出了该问题的一个动态算法和一个并行算法, 最后阐述了该问题在第 1 讲边差异和竞赛图排序问题中的应用. 第 7 讲介绍了随机图的团数和色数, 最后介绍了鞅方法及其在随机图色数中的应用. 第 8 讲介绍了 Lovász 局部引理在 Ramsey 数和 van der Waerden 函数中的应用, 并阐述了 Lovász 局部引理是否可以通过一个好的算法实现这个开放性问题. 第 9 讲主要介绍了差异中著名的 Beck-Fiala 定理, 另外还介绍了 Beck-Fiala 定理的向量形式及其改进. 第 10 讲介绍了本书作者得到的一个关于差异的最满意的结果. 最后, 本书还添加了额外一讲 (附录 A)——Janson 不等式, 并讨论了 Janson 不等式的几个应用.

受高等教育出版社的邀请翻译这本著名教材, 我们感到非常荣幸, 但也感到责任重大, 因为这本书经常被各高校作为组合图论方向研究生的入门教材. 我们本着尽量遵循作者原意的原则进行翻译, 以便读者能够品尝到本书的原味. 但由于我们的翻译水平有限, 书中错漏之处在所难免, 还请读者不吝赐教, 我们当深表感谢.

本书的翻译初稿是在 2021—2022 学年讲授研究生概率方法这门课程时形成的, 特别感谢博士研究生连晓盼对初稿的准备和校对. 本书由高等教育出版社引进出版, 编辑赵天夫先生一直鼓励我们翻译此书, 并耐心回答我们的各种问题, 我们衷心地感谢他为本书的出版所做的努力, 可以说没有他的鼓励和督促就没有这本翻译教材. 最后感谢译者所在单位对译者们的大力支持.

雷辉　南开大学

史永堂　南开大学

顾冉　河海大学

岳军　天津工业大学

2022 年 12 月

序 言

　　这本专著的第一版是根据 1986 年在科罗拉多州杜兰戈的路易斯堡学院举行的组合学中的概率方法 CBMS-NSF 会议上发表的十次系列讲座的笔记汇编而成的. 杜兰戈的讲座是一场"落基山"高峰会. 讲座结束后, 立即完成写作是轻松愉快、毫不费力的. 我试图保持接近讲座的内容、顺序和精神. 我保留了讲座中更多的非正式、第一人称、有时是漫无边际的演讲叙事风格.

　　"概率方法"是图论和组合学中的一个强大工具. 该方法解释得非常基本, 并证明了一个构形的存在, 首先, 通过创建一个点是构形的概率空间, 其次, 通过显示"随机构形"满足期望标准的正概率. 如目录所示, 本主题得到了广泛的解释, 并讨论了算法技术、随机图本身、来自线性代数的方法, 以及其他相关领域.

　　这本专著描述了一种证明方法, 并通过实例加以说明. 通常给出"可能"的结果与方法的清晰表述相冲突. 我一直强调方法; 为了获得最好的结果, 读者可以直接查看原始参考文献或更详细地检查问题. 以下是一个新的更百科全书式的著作, 提供了这个方法的进一步细节：Noga Alon 和 Joel Spencer 的《概率方法》(The Probabilistic Method), 其中附录由 Paul Erdős 撰写, John Wiley 出版社, 1992 年纽约出版.

　　要精通概率方法, 就必须了解渐近计算, 也就是说, 哪些项是重要的, 哪些项可以安全地丢弃. 我所知道的实现这一点的唯一方法是, 要更详细地计算出许多例子, 并观察一些看似很大的因素是如何在最终结果中蒸发成 $o(1)$ 的.

　　在第二版中, 我尽量不改动这些讲稿. 然而, 在过去的几年里, 我又看到了一些新的进展. Jozsef Beck 在 Lovász 局部引理的算法实现上取得了突破;

这已经被添加到第 8 讲中. Saharon Shelah 和作者关于 0–1 定律的新结果在第 3 讲中提到. 关于双跳的附加材料也被增加到第 3 讲中. 在第 6 讲中增加了一个高效并行算法的应用.

在 20 世纪 80 年代末, Svante Janson 发现了概率界, 它现在被称为 Janson 不等式, 这为随机图中的许多问题提供了一种全新的方法. 额外讲座 (附录 A) 就是专门讨论这些结果的. 最后, 我们利用这些不等式, 证明了 Bollobás 在随机图的色数上的著名结果.

概率方法并不困难, 它能快速地给出问题的强有力的结果, 否则这些问题将是很难攻克的. 我强烈认为每个离散数学的学者都应该掌握基本的方法. 这个版本的新材料被尽可能地添加在单独的部分, 原始文字保持完整. 我希望非正式的风格被保留下来, 以便这些讲座对研究生和研究人员保持友好.

最后, 我这个不那么年轻的作者想去感谢妻子 Maryann 的帮助、参与、鼓励和理解. 如果没有她, 这项工作就没有什么意义了.

目 录

第 1 讲　概率方法

Ramsey 数 $R(k,k)$. 令 $R(k,t)$ 表示 Ramsey 数, 即最小的正整数 n, 使得如果对完全图 K_n 的边用红蓝两种颜色进行任意的染色, 则 K_n 中存在红色完全子图 K_k 或蓝色完全子图 K_t. 由 Ramsey 定理, 我们知道 $R(k,t)$ 的定义是有意义的. 我们首先看下 Ramsey 数的下界. 注意到:

$R(k,t) > n$ 意味着完全图 K_n 存在一个红蓝两种颜色的染色使得 K_n 既没有红色完全子图 K_k 也没有蓝色完全子图 K_t.

因此, 为了证明 $R(k,t) > n$, 我们必须证明 K_n 中存在如上的染色. 1947 年, Paul Erdős首次研究了对角线情况的 Ramsey 数 $R(k,k)$. 我觉得这个结果开创了概率方法. 虽然有一些更早的结果, 但这个结果的优美和影响是无与伦比的.

定理1.1　如果
$$\binom{n}{k}2^{1-\binom{k}{2}} < 1,$$
则 $R(k,k) > n$.

证明　随意地用红蓝两种颜色染完全图 K_n 的边. 更准确地说, 构造一个概率空间, 它的元素为 K_n 的所有红蓝两种颜色的边染色. 定义每条边染红色和蓝色的概率分别为 $\frac{1}{2}$, 并且每条边的染色相互独立.

令 S 是 K_n 的 k 个点构成的集合, A_S 表示 S 是单色的这个事件. 则
$$\Pr[A_S] = 2^{1-\binom{k}{2}},$$
这是因为 $\binom{k}{2}$ 条边染同样的颜色, S 才能是单色的. 考虑事件 $\bigvee A_S$, 其中 $S \in [n]^k$. 由于事件 A_S 之间可能存在复杂的相交关系, 因此给出 $\Pr[A_S]$ 的一个精确的公式是最困难的. 但是由概率的次可加性我们可以得到
$$\Pr\left[\bigvee A_S\right] \leqslant \sum \Pr[A_S] = \binom{n}{k}2^{1-\binom{k}{2}},$$

最后的等式成立是因为共有 $\binom{n}{k}$ 个求和项. 根据假设这是小于 1 的. 所以事件 $B = \bigwedge \overline{A_S}$ 发生的概率大于 0. 进而可知事件 B 不是空事件. 因此, 在概率空间中存在一个样本点使得事件 B 成立. 注意到概率空间中的一个样本点恰好是 K_n 的一个染色 χ. 而事件 B 正是在染色 χ 这种情况下没有单色的 K_k 出现. 因此 $R(k,k) > n$. ∎

我们已经证明这种染色的存在性, 但我们没有办法找到它. 这种染色在哪里? 这种情况 (对新手来说会困惑) 例证了概率方法. 对于由希尔伯特形式主义学校培养的数学家来说, 这是没有问题的. 毕竟, 概率空间是有限的, 因此所需染色的存在性没有逻辑上的困难. 对于其他人来说, 构造出这样的染色或通过一个多项式 (关于 n) 时间算法给出这样的染色, 将是可取的. 在以后的课程中, 我们有时会用算法代替概率证明. 对于 Ramsey 数 $R(k,k)$, 没有已知的构造给出了接近 Erdős 的证明中导出的下界.

在他的原始论文中, Erdős 对这个结果使用了计数理论, 避免了概率语言. 基本上, 他用集合 Ω 表示 K_n 的全部 $2^{\binom{n}{2}}$ 种染色 χ 构成的集合, 并且对每个 k 元集合 S, 令 A_S 表示使得 S 为单色的染色构成的集合. 因此

$$|A_S| = 2^{\binom{n}{2} - \binom{k}{2} + 1}.$$

又因为集合并的基数最多是这些集合基数的和, 所以 $|\bigvee A_S| < |\Omega|$. 因此如我们所期待的, 存在一种染色 $\chi \in \Omega$ 不属于任何的 A_S. Erdős 叙述说当采用概率方法时, 概率学家 J. Doob 说, "这很好, 但它实际上只是一个计数的论点". 事后看来, 我很尊重地表示反对. 正如我们将看到的 (最好的例子可能是第 8 讲的 Lovász 局部引理), 概率的符号渗透在概率方法中. 要把概率论点规约到计数上, 虽然从技术上讲是可行的, 但却会使概率论点的核心消失.

渐近性. 当要求函数的渐近值有界时, 通常使用概率方法. 人们需要对这些渐近值有一些感觉.

考虑使得

$$\binom{n}{k} 2^{1 - \binom{k}{2}} < 1$$

的最大的 $n = n(k)$ 是什么? 粗略地

概率方法十讲

$$\binom{n}{k} \sim n^k, \; 2^{1-\binom{k}{2}} \sim 2^{-k^2/2},$$

因此我们希望 $n^k 2^{-k^2/2} \sim 1$, 从而 $n \sim 2^{k/2}$. 令人惊讶的是, 这样一个非常粗略的估计在大多数情况下是足够的. 更精确地说, 我们近似

$$\binom{n}{k} = (n)_k/k! \sim n^k/k^k e^{-k} \sim (ne/k)^k.$$

我们想要

$$(ne/k)^k \sim 2^{k(k-1)/2},$$

所以

$$R(k,k) \geqslant n \sim (k/e)2^{(k-1)/2} = \frac{k}{e\sqrt{2}}2^{k/2}. \tag{1.1}$$

我们丢掉了斯特林公式中的系数 $\sqrt{2\pi k}$ 和右边的系数 2^{-1}. 但是当我们取 k 次根的时候这些因子就消失了. 仔细分析表明, (1.1)在 $(1+o(1))$ 因子内渐近正确. (为了更好地理解概率方法, 建议读者详细地研究一些类似的例子.)

令

$$f(k) = \binom{n}{k}2^{1-\binom{k}{2}}$$

并且令 n_0 使得 $f(n_0) \sim 1$(见图 1.1).

人们可以观察到一个更强的阈值. 如果 $n < n_0(1-\varepsilon)$, 则 $f(n) \ll 1$. 对于这样的 n, $\Pr[\bigvee A_S] \leqslant f(n) \ll 1$, 所以随机染色几乎必然没有单色 K_k. 因此, 在实际应用中, 有一个简单的算法来寻找染色 χ. 取 $n = 0.99\,n_0$ 然后开始抛硬币!

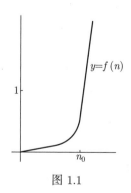

图 1.1

$R(k,k)$ 的上界是由 Ramsey 定理的证明给出的.

$$R(k,k) \leqslant \binom{2k-2}{k-1} \sim c4^k/\sqrt{k}.$$

因此 $\lim R(k,k)^{1/k}$ 的值介于 $\sqrt{2}$ 和 4 之间. 确定这一极限是 Ramsey 理论和概率方法中的一个主要问题.

$R(k,k)$ 的具体值是什么? 已经知道 $R(3,3) = 6$, $R(4,4) = 17$, 以及 $42 \leqslant R(5,5) \leqslant 55$. 还有希望找到更多的值吗? 下面两件轶事可能足够回答这个问题.

$R(3,3)$ 和 $R(4,4)$ 的值是 Greenwood和Gleason在 1955 年发现的. 由于 Gleason 是我的导师, 我曾花了一个周末思考 $R(5,5)$, 然后向他寻求建议. 他说得很清楚: "不要思考它了." 在他们优美的论文后面, 是无数次尝试改进的计算过程. 小数定律在起作用, 当 k 变得太大而难以计算时, 对于 k 比较小的简单模式就会消失. 事实上, $R(4,5) = 25$ 的值是在 1993 年才发现的. (现在对 $R(3,k)$ 有更多的进展, 其中 $3 < k < 9$.)

Erdős 要求我们想象一个比我们强大很多的外星力量登陆地球, 并且要求我们得出 $R(5,5)$ 的值, 否则他们将摧毁我们的星球. 他声称, 在这种情况下, 我们应该集合所有的计算机和数学家, 试图找到这个值. 但假设外星人要求的是 $R(6,6)$. 他认为, 在这种情况下, 我们应该试图摧毁外星人.

$R(k,t)$, k 固定. 当 $k \neq t$ 时, 我们可以很容易地对概率方法进行改进.

定理 1.2 如果对某个 $p \in [0,1]$, 下式成立

$$\binom{n}{k}p^{\binom{k}{2}} + \binom{n}{t}(1-p)^{\binom{t}{2}} < 1,$$

则 $R(k,t) > n$.

证明 随意地用红蓝两种颜色染完全图 K_n 的边, 其中每条边染红色的概率为 p. (在我们的思想实验中, 硬币是头像面的概率为 p.) 对于每个 k 元集合 S, 令 A_S 表示 S 是红色这个事件, 并且对于每个 t 元集合 T, 令 B_T 表示 T 是蓝色这个事件. 则

$$\Pr[A_S] = p^{\binom{k}{2}}, \ \Pr[B_T] = (1-p)^{\binom{t}{2}},$$

因此,

$$\Pr\left[\bigvee A_S \vee \bigvee B_T\right] \leqslant \sum \Pr[A_S] + \sum \Pr[B_T]$$

$$= \binom{n}{k}p^{\binom{k}{2}} + \binom{n}{t}(1-p)^{\binom{t}{2}} < 1.$$

所以存在使得 K_n 中既没有红色 K_k 也没有蓝色 K_t 的染色, 完成了证明. ∎

我们来检验 $R(4,t)$ 的渐近性. 我们想要 $\binom{n}{4}p^6 = cn^4p^6 < 1$, 所以取 $p = \varepsilon n^{-2/3}$. 现在用 $n^t(!)$ 来近似 $\binom{n}{t}$, 用 e^{-p} 来近似 $1-p$, 以及用 $t^2/2$ 来近似 $\binom{t}{2}$, 所以我们想要 $n^t e^{-pt^2/2} < 1$. 取 t 次根和对数, 则 $pt/2 > \ln n$, 于是 $t > (2/p)\ln n = Kn^{2/3}\ln n$. 用 t 来表示 n, 于是

$$R(4,t) > kt^{3/2}/\ln^{3/2} t = t^{3/2+o(1)}.$$

其次, 读者可以检查更精确的计算, 例如不忽略 $t!(!)$, 但这并不会对最终结果产生很大影响.

由 Ramsey 定理给出的上界为

$$R(k,t) < \binom{t+k-2}{k-1} \sim ct^{k-1}.$$

事实上 $o(t^{k-1})$ 是知道的, 但这种改进并没有改变指数.

猜想1.1 对任意固定的 k, $R(k,t) = t^{k-1+o(1)}$.

在杜兰戈讲座上, 人们为解开这个猜想提供了金钱奖励.

具有性质 S_k 的竞赛图. 当对结果的陈述似乎并不需要它时, 概率方法是最引人注目的. 在本专著中, 竞赛图是 n 个顶点的完全有向图. 也就是说, 有 n 个玩家, 每对玩家都玩一场游戏, 没有平局. 如果 i 击败 j, 则有一条边从 i 指向 j. 注意, 比赛的时间表并不重要, 只重结果. 如果对于每 k 个玩家 $x_1, \cdots, x_k$, 有其他玩家 y 击败他们, 那么竞赛图就有性质 S_k. 例如, 图示的 T_3 具有性质 S_1, 因为 0 击败 1, 1 击败 2, 2 击败 0. 玩家为 Z_7 的 T_7 具有性质 S_2, 其中 i 击败 j 如果 $i-j$ 是平方数 (见图 1.2).

定理1.3 对任意的 k, 存在一个有限的 T_n 具有性质 S_k.

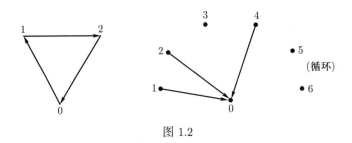

图 1.2

证明 考虑有 n 个玩家的随机竞赛图 T, 即每轮游戏由随机地抛一枚均匀硬币来决定. 对于有 k 个玩家的集合 X, 令 A_X 表示不存在 $y \notin X$ 击败 X 中的所有玩家这个事件. 因为每个 $y \notin X$ 有 2^{-k} 的概率击败 X 中的所有玩家并且这样的 y 有 $n - k$ 个, 它们的可能性都是相互独立的, 所以

$$\Pr[A_X] = (1 - 2^{-k})^{n-k}.$$

因此

$$\Pr\left[\bigvee A_X\right] \leqslant \binom{n}{k}(1 - 2^{-k})^{n-k}.$$

选择 n 使得

$$\binom{n}{k}(1 - 2^{-k})^{n-k} < 1. \tag{1.2}$$

对于这个 n, $\bigwedge \bar{A}_X$ 有正的概率. 所以存在概率空间中的一个样本点, 即一个竞赛图 T_n, 具有性质 S_k.

(1.2)的渐近性是什么? 粗略地我们想要

$$n^k e^{-2^{-k}n} < 1,$$

所以需要

$$n > 2^k k^2 (\ln 2)(1 + o(1)).$$

事实上, 这是 (1.2) 式的渐近界. 令 $f(k)$ 表示具有性质 S_k 的竞赛图所需的最少的玩家数目, 我们发现不难证明 $f(k) > 2^{k-1}$, 并且最有名的界为 $f(k) > ck2^k$.

极端尾部和排序竞赛图. 令 S_n 表示分布

$$S_n = X_1 + \cdots + X_n,$$

概率方法十讲

其中 $\Pr[X_i = +1] = \Pr[X_i = -1] = \frac{1}{2}$ 并且 X_i 互相独立. 因此 $S_n = 2U_n - n$, 其中 U_n 服从二项分布 $B(n, \frac{1}{2})$.

定理1.4 对于所有的 $n, \lambda \geqslant 0$, $\Pr[S_n > \lambda\sqrt{n}] < e^{-\lambda^2/2}$.

我们将在第 4 讲证明这个结果; 然而, 让我们先假设一下. 注意到对于固定的 λ, 中心极限定理给出 S_n 是近似服从平均值为零并且标准差为 $\sqrt{n}$ 的正态分布, 因此

$$\lim \Pr[S_n > \lambda\sqrt{n}] = \int_\lambda^\infty \frac{1}{\sqrt{2\pi}} e^{-t^2/2} dt$$

可以证明它小于 $e^{-\lambda^2/2}$.

给定玩家为 $1, \cdots, n$ 的竞赛图和排序 σ(即 $[n]$ 上的一个置换, $\sigma(i)$ 为玩家 i 的次序), 令

$$\mathrm{fit}(T, \sigma) = \#[\text{非颠倒对}] - \#[\text{颠倒对}],$$

其中 i 和 j 之间的游戏称为非颠倒 (nonupset), 如果 i 击败 j 且 $\sigma(i) < \sigma(j)$; 否则称为颠倒 (upset). 令

$$\mathrm{fit}(T) = \max \mathrm{fit}(T, \sigma)$$

表示所有排序 σ 上的最大值. 注意 $\mathrm{fit}(T) = \binom{n}{2}$ 当且仅当 T 为传递竞赛图. 并且, 对于任意的 T 有 $\mathrm{fit}(T) \geqslant 0$. 令 σ 是任意一个排序, 定义 σ 的逆排序 τ 为 $\tau(i) = n + 1 - \sigma(i)$. 注意到 i 和 j 之间的一个游戏若在排序 σ 下为非颠倒, 则在 τ 下为颠倒, 反之亦然, 所以 $\mathrm{fit}(T, \sigma) + \mathrm{fit}(T, \tau) = 0$; 因此这两个值中有一个是非负的. 最后, 令

$$F(n) = \min \mathrm{fit}(T),$$

其中 T 取遍具有 n 个玩家的所有竞赛图.

定理1.5 $F(n) < n^{3/2}(\ln n)^{1/2}$.

证明 令 T 是 n 个顶点的一个随机竞赛图. 对于任意的 σ, $\mathrm{fit}(T, \sigma)$ 具有分布 S_m, 其中 $m = \binom{n}{2}$; 因为每个游戏都有独立的概率 $\frac{1}{2}$ 满足排序 σ. 令 A_σ 表示事件 $\mathrm{fit}(T, \sigma) > \alpha$. 则

$$\Pr[A_\sigma] < e^{-\alpha^2/2m} < e^{-\alpha^2/n^2} = n^{-n} < 1/n!,$$

其中我们取 $\alpha = n^{3/2}(\ln n)^{1/2}$. α 是偏离均值的 $n^{1/2}(\ln n)^{1/2}$ 个标准差, 没有统计学家会这么做. 但在概率方法中, 考虑这种分布的极端尾部是很常见的. 现在

$$\Pr\left[\bigvee A_\sigma\right] < \sum \Pr[A_\sigma] = n! \Pr[A_\sigma] < 1.$$

为了补偿庞大的 $n!$ 可能发生的坏事, 我们要求每个独立概率都小于 $1/n!$. 在这个 α 下, $\bigwedge \overline{A_\sigma} \neq \emptyset$, 所以存在竞赛图 T 满足 $\bigwedge \overline{A_\sigma}$ 使得 fit$(T) < \alpha$. ■

注意到 $n^{3/2}(\ln n)^{1/2} = o(n^2)$, 我们说一个弱得多的注记: 存在一个竞赛图 T 使得不存在满足 51% 游戏的排列 σ. 通常情况下, 不熟悉概率方法并受小数定律影响的图论学家会做出这样的猜想: "每个竞赛图都有一个排序使得 60% 的比赛都得到了正确的排序." 只要对概率方法略知一二, 就足以把这些猜想抛诸脑后.

边差异. 令 $g(n)$ 表示最小整数, 使得如果 K_n 是红-蓝边染色的, 则存在顶点集合 S, 其红色边数与蓝色边数至少相差 $g(n)$. 首先, 这似乎与 Ramsey 数有关, 因为单色 S 将有很大的差异. 结果是存在很大的集合 S, 虽然红边和蓝边的比例接近 1, 但它们的差异是相当大的, 这里我们只讨论 $g(n)$ 的上界.

定理 1.6 $g(n) \leqslant cn^{3/2}$.

证明 对于每个集合 S, 令 A_S 表示在 S 上满足 $|\#(红边) - \#(蓝边)| \geqslant \alpha$ 的事件. 当 $|S| = k$ 时, $\#(红边) - \#(蓝边)$ 具有分布 S_m, 其中 $m = \binom{k}{2} < n^2/2$. 因此

$$\Pr[A_S] < e^{-\alpha^2/n^2}.$$

由于 S 只有 2^n 种可能, 所以

$$\Pr\left[\bigvee A_S\right] < 2^n e^{-\alpha^2/n^2} = 1,$$

其中 $\alpha = n^{3/2}(\ln 2)^{1/2}$. ■

练习. 通过限定大小为 $n(1-\varepsilon)$ 的集合 S 的数量, 改进 $c = (\ln 2)^{1/2}$. 你能得到的最好的 c 是多少?

期望的线性性. 这个性质

$$E\left[\sum X_i\right] = \sum E(X_i)$$

看起来很简单, 但是很有用. 它的优点在于 X_i 不一定是独立的.

例子. 关于女孩保管帽子的问题. 在这个老旧的故事中, 三十个男士把他们的帽子交给 "保管帽子的女孩", 她们随意地把帽子还给他们. 平均来说, 有多少男士能拿回自己的帽子? 令 A_i 表示第 i 个人拿回自己的帽子这个事件, 并且令 X_i 表示相应的指标随机变量. 则 $E[X_i] = \Pr[A_i] = 1/30$. 设 $X = \sum X_i$ 为拿到自己帽子的男士人数. 则

$$E(X) = \sum E(X_i) = 30(1/30) = 1.$$

当应用期望的线性性时, X(这里大致是泊松分布) 的实际分布仍然是未知的.

例子. 设 T 是玩家为 $[n]$ 的竞赛图. T 的一条哈密顿路是使 $\sigma(i)$ 击败 $\sigma(i+1)$ 的置换 σ, 其中 $1 \leqslant i \leqslant n-1$. 一个竞赛图可以有多少条哈密顿路? 令 T 是随机选取的, 对于每个 σ, 令 A_σ 表示 σ 给出 T 中的一条哈密顿路这个事件, 并且令 X_σ 表示相应的指标随机变量. 因为有 $n-1$ 个随机游戏必须是 "正确的", 所以

$$E(X_\sigma) = \Pr[A_\sigma] = 2^{-(n-1)}.$$

设哈密顿路的数目为 $X = \sum X_\sigma$. 则

$$E(X) = \sum E(X_\sigma) = n!2^{-(n-1)}.$$

因此在概率空间中有一个样本点, 即一个特定的 T, 它的哈密顿路的数目超过或等于期望. 所以, 这个 T 至少有 $n!2^{-(n-1)}$ 条哈密顿路.

附录. 桥牌玩家手中的平均点数是什么? 假设 A=4 点, K=3 点, Q=2 点, J=1 点, 缺门 = 3 点, 单张 = 2 点, 双张 = 1 点. 用 N, S, E, W 表示北面、南面、东面和西面玩家手中的大牌点数. 令 $T = N + S + E + W$, 由对称性, $E(N) = \cdots = E(W)$, 所以 $E(T) = E(N) + \cdots + E(W) = 4E(N)$. 但 T 总是等于 40(牌堆中有 40 个大牌点数), 所以 $E(N) = 10$. 现在对于牌面的分布, 设 C, D, P, H 为北面玩家手中梅花、方块、黑桃和红桃的分布点的点数. 通过计算得到

$$E(C) = 3 \times \Pr[\text{没有梅花}] + 2 \times \Pr[1 \text{ 张梅花}] + 1 \times \Pr[2 \text{ 张梅花}]$$

$$= 3 \times 0.01279 + 2 \times 0.08006 + 1 \times 0.20587 = 0.40437.$$

设 $I = C + D + P + H$ 为分布点的点数. 则

$$E(I) = E(C) + \cdots + E(H) = 4E(C) = 1.6175.$$

最后, 设 X 为北面玩家手中的总点数, 则 $X = N + I$, 所以

$$E(X) = E(N) + E(I) = 11.6175.$$

反对意见认为 "你不可能在四种花色中都有缺门", 但这并不重要, 因为期望的线性性并不要求独立.

性质 B. 称 Ω 的子集族 $\mathcal{F}$ 具有性质 B, 如果存在 Ω 的红–蓝染色使得不存在单色的 $S \in \mathcal{F}$. 令 $m(n)$ 表示最小的 m, 使得存在一个由 m 个 n 元集构成的不具备性质 B 的集族 $\mathcal{F}$. 我们对 $m(n)$ 的下界感兴趣. 注意到 $m(n) > m$ 意味着任何 m 个 n 元集合都可以用两种颜色来染使得没有一个集合是单色的.

定理1.7 $m(n) > 2^{n-1} - 1$.

证明 设 $\mathcal{F}$ 是 Ω 的子集族, 并且 $\mathcal{F}$ 是由 m 个 n 元集合构成的, 随机地对 Ω 进行染色. 对于每个 $S \in \mathcal{F}$, 令 A_S 表示 S 是单色这个事件. 显然, $\Pr[A_S] = 2^{1-n}$. 取 $m < 2^{n-1}$, 则

$$\Pr\left[\bigvee A_S\right] \leqslant m 2^{1-n} < 1,$$

于是期待的 2-染色是存在的. ∎

van der Waerden 定理. 设 $W(k)$ 是最小的 n, 使得如果 $[n]$ 是双色的, 则存在一个含 k 项的单色等差级数. $W(k)$ 的存在性是著名的 van der Waerden 定理. Saharon Shelah 给出的 $W(k)$ 的最佳上界增长得非常迅速. 我们只考虑下界. $W(k) > n$ 表示存在 $[n]$ 的 2-染色使得不含单色的 k 项等差级数.

定理1.8 $W(k) > 2^{k/2}$.

证明 随机地对 n 进行染色. 对于每个 k 项等差级数 S, 令 A_S 表示 S 是单色这个事件, 则 $\Pr[A_S] = 2^{1-k}$. 这样的 S 的数量少于 $n^2/2$ 个 (因为 S 是由它的第一项和第二项决定的——当然, 这可能会略有改进). 所以如果

$(n^2/2)2^{1-k} < 1$，我们有

$$\Pr\left[\bigvee A_S\right] \leqslant \sum \Pr[A_S] < 1,$$

于是期待的 2-染色是存在的.　　　　　　　　　　　　　　　　　　　■

参 考 文 献

关于整个概率方法主题的三个一般参考文献是:

P. ERDŐS AND J. SPENCER, *Probabilistic Methods in Combinatorics*, Academic
　　Press/Akademiai Kiado, New York-Budapest, 1974.

J. SPENCER, *Nonconstructive methods in discrete mathematics*, in Studies in Com-
　　binatorics, G.-C. Rota, ed., Mathematical Association of America, 1978.

J. SPENCER, *Probabilistic methods*, Graphs Combin., 1 (1985), pp. 357–382.

另一篇关于这个主题的一般性文章出现在 1994 年 North-Holland 出版的 *Handbook of Combinatorics* 中. 通过给出 $R(k,k)$ 开始这个主题的三页论文是:

P. ERDŐS, *Some remarks on the theory of graphs*, Bull. Amer. Math. Soc., 53
　　(1947), pp. 292–294.

具有性质 S_k 的竞赛图:

P. ERDŐS, *On a problem of graph theory*, Math. Gaz., 47 (1963), pp. 220–223.

竞赛图排序:

P. ERDŐS AND J. MOON, *On sets of consistent arcs in a tournament*, Canad.
　　Math. Bull., 8 (1965), pp. 269–271.

性质 B:

P. ERDŐS, *On a combinatorial problem*, I, Nordisk Tidskr. Infomations-behandlung
　　(BIT), 11 (1963), pp. 5–10.

Paul Erdős 的组合论文, 包括以上四篇, 收藏于:

Paul Erdős: *The Art of Counting*, J. Spencer, ed., MIT Press, Cambridge, MA, 1973.

第 2 讲   删除法和其他改进

Ramsey 数 $R(k,k)$. 通常可以通过随机选取构形并进行"小"修改来找到所需的构形.

定理 2.1 $R(k,k) > n - \binom{n}{k}2^{1-\binom{k}{2}}$.

证明   随机地对 K_n 进行染色. 设 S 是一个 k 元集, 令 A_S 表示 S 是单色这个事件, 并且令 X_S 表示 A_S 的指标随机变量. 则

$$E(X_S) = \Pr(A_S) = 2^{1-\binom{k}{2}}.$$

设 X 是单色 k 元集的数量, 则 $X = \sum X_S$, 其中 S 取遍所有的单色 k 元集, 由期望的线性性

$$E(X) = \sum E(X_S) = \binom{n}{k}2^{1-\binom{k}{2}}.$$

在概率空间中存在一个点使得 X 不超过它的期望. 即存在一种染色使得单色的集合 S 的个数至多是

$$\binom{n}{k}2^{1-\binom{k}{2}}.$$

固定这种染色. 对于每个单色的 S 任意选择一个点 $x \in S$ 并且把它从顶点集中删掉. 于是剩下的点集 V^* 没有单色的 k 元集并且

$$|V^*| \geqslant n - \binom{n}{k}2^{1-\binom{k}{2}}. \qquad\blacksquare$$

那渐近性呢? 我们需要选取 n 使得

$$\binom{n}{k}2^{1-\binom{k}{2}} \ll n.$$

即

$$n^{k-1} \ll k!2^{k(k-1)/2}.$$

取 $k - 1$ 次根,

$$n < (k/e)2^{k/2}(1 + o(1)).$$

对于这样的 n, 被删除的点将是微不足道的, 因此

$$R(k, k) \geqslant n \sim (k/e)2^{k/2}.$$

这比之前的界提高了一个因子 $\sqrt{2}$. 当然, 当考虑到上下边界之间的差距时, 这是可以忽略的, 但我们做了我们能做的.

非对角的 Ramsey 数. 同理, 对于任意的 $n, p, 0 \leqslant p \leqslant 1$,

$$R(k, t) > n - \binom{n}{k}p^{\binom{k}{2}} - \binom{n}{t}(1 - p)^{\binom{t}{2}}.$$

我们检查当 $k = 4$ 时的渐近性. 我们想要 $n^4 p^6 \ll n$, 所以选择 $p = \varepsilon n^{-1/2}$. 则

$$\binom{n}{t}(1 - p)^{\binom{t}{2}} < n^t e^{-pt^2/2} \ll 1,$$

其中,

$$t > \frac{2}{p}\ln n = Kn^{1/2}\ln n.$$

如果我们用 t 表示 n, 则

$$R(4, t) > ct^2/\ln^2 t = t^{2+o(1)}.$$

练习. 用删除法证明 $R(3, t) > t^{3/2+o(1)}$. 注意通常的概率方法在界定 $R(3, t)$ 是如何无效的.

Turán 定理. 让我们用方便的方式来表达 Paul Turán 的著名成果. 令 $\alpha(G)$ 表示 G 的独立数. 如果 G 有 n 个顶点和 $nk/2$ 条边, 那么 $\alpha(G) \geqslant n/(k+1)$. 我们可以用删除法来达到 Turán 定理的 "一半".

定理 2.2 如果图 G 有 n 个点和 $nk/2$ 条边, 则 $\alpha(G) \geqslant n/2k$.

证明 用 V 和 E 分别表示 G 的顶点集和边集. 随机地选取 $S \subseteq V$ 并且令

$$\Pr[x \in S] = p.$$

对于所有的 $x \in V$, 这些概率都是互相独立的. 在思想试验中, 我们抛一枚硬币, 出现正面的概率为 p. 对每个 $x \in V$, 我们抛一次硬币来看 x 是否被 "选择" 在 S 中. 令 X 表示 S 中的顶点数, 令 Y 表示 S 在 G 中的边数. 显然 (留作练习):

$$E(X) = np.$$

对于每个 $e \in E$, 令 Y_e 表示事件 $e \subseteq S$ 的指标随机变量. 则

$$E[Y_e] = p^2,$$

因为 e 的两个端点都应被选择进 S.

$$Y = \sum_{e \in E} Y_e, \ E(Y) = \sum_{e \in E} E(Y_e) = \left(\frac{nk}{2} \right) p^2,$$

则

$$E(X - Y) = E(X) - E(Y) = np - (nk/2)p^2.$$

取 $p = 1/k$ 使上述表达式最大:

$$E(X - Y) = n/k.$$

在概率空间中存在一个点使得 $X - Y$ 至少为 n/k. 即存在集合 S, 其顶点数比边数至少多 n/k. 把 S 的每个边都删除一个端点得到集合 S^*. 则 S^* 是独立的并且至少含有 n/k 个顶点. ∎

在正式证明中, 变量 p 不会出现; $\Pr[x \in S]$ 将被定义为 $1/k$. 新手在阅读一篇研究论文的证明开头时, 可能会对 "$1/k$" 的来源感到有些困惑. 请放心, 当找到结果时, 这个值是一个变量. 理解概率证明的一种方法是重置所有变量的概率, 并看到作者确实选择了最优值.

性质 B. 让我们回到第 1 讲的性质 B 函数 $m(n)$. 假设 $m = 2^{n-1}k$ 以及 $\mathcal{F}$ 是由点集 Ω 的 m 个 n 元子集构成的集族. 我们给出 J. Beck 的重新染色论证, 证明只要 $k < n^{1/3 - o(1)}$, 则存在 Ω 的 2-染色使得不存在单色的 $S \in \mathcal{F}$.

首先随机地对 Ω 进行染色. 然后得到了 X 个单色的 $S \in \mathcal{F}$, 其中 $E(X) = k$. 现在我们重新染色. 对于每一个位于某个单色 $S \in$

$x \in \Omega$, 我们以 $p = [(\ln k)/n](1+\varepsilon)$ 的概率改变 x 的颜色. 我们称之为第一和第二染色或阶段. 准确地说, 即使 x 位于许多单色的 $S \in \mathcal{F}$ 中, 它变色的概率也只是 p.

假设 S 在第一阶段是单色的, 它保持单色的概率是 $(1-p)^n + p^n \sim (1-p)^n \sim e^{-pn} = k^{-1-\varepsilon}$. 在两个阶段都是单色的 S 的期望数为 $k(k^{-1-\varepsilon}) = k^{-\varepsilon}$, 可忽略不计. 当然, p 被选的刚好大到足以破坏单色的 S. 但这样的破坏措施是否太强了, 以致产生新的单色 T?

对于 $S, T \in \mathcal{F}$, 其中 $S \cap T \neq \emptyset$, 令 A_{ST} 表示事件 S 在第一阶段是红色的以及 T 在第二阶段变成蓝色. 即在破坏单色 S 的过程中, 我们创造了新的单色 T. 在 $|S \cap T| = 1$ 的情况下, 称 $S \cap T = \{x\}$, 我们将给出 $\Pr[A_{ST}]$ 的界. 可以证明 (留作练习) 当 $|S \cap T|$ 更大的时候 $\Pr[A_{ST}]$ 甚至更小. 例如, 如果满足以下条件, 事件 A_{ST} 就会发生 (见图 2.1):

因为第一阶段 $S \cup T$ 的染色是确定的, 因此 x 必须改变颜色, 所以 A_{ST} 发生的概率为 $2^{-(2n-1)}p$. 更一般的是, 对于 $V \subseteq T - S$, 其中 $|V| = v$, 令 A_{STV} 是以下事件: $S \cup V$ 在第一阶段是红色的, T 的剩余部分在第二阶段是蓝色的, 并且 $V \cup \{x\}$ 在第二阶段改变颜色. 因为 $S \cup T$ 的颜色是确定的, 所以

$$\Pr[A_{STV}] = 2^{-(2n-1)} \Pr[V \cup \{x\}变成蓝色 | S \cup T第一阶段染色].$$

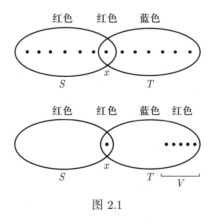

图 2.1

因为 $v+1$ 个 $V \cup \{x\}$ 中的点都得变成蓝色, 所以这个条件概率至多为 p^{v+1}. (可能比这个小得多, 因为每个 $y \in V$ 也必须位于某个红色集合中. 我

认为, 如果我们能充分利用这个附加的准则, $m(n)$ 的界可以得到改进.) 因此

$$\Pr[A_{STV}] \leqslant 2^{-(2n-1)} p^{v+1}.$$

所以

$$\Pr[A_{ST}] \leqslant \sum_V \Pr[A_{STV}] \leqslant \sum_{v=0}^{n-1} \binom{n-1}{v} 2^{-(2n-1)} p^{v+1}$$
$$= p2^{1-2n}(1+p)^{n-1} \quad (\text{二项式定理})$$
$$\sim cp2^{-2n} e^{pn} \sim cp2^{-2n} k^{1+\varepsilon}.$$

(我们可以计算出, 对总和的主要贡献不是发生在 $v = 0$, 而是在 $v = \ln k$ 附近. 我们可以保证这 $\ln k$ 个点在第一阶段都位于红色集合吗?) 这里至多有 $(2^{n-1}k)^2 = c2^{2n}k^2$ 种 S, T 的选择, 所以如果 $k = n^{1/3-o(1)}$,

$$\Pr\left[\bigvee A_{ST}\right] \leqslant c(2^{2n}k^2)(2^{-2n}k^{1+\varepsilon}p)$$
$$= ck^{3+\varepsilon}p = ck^{3+\varepsilon}(\ln k)/n \ll 1.$$

也就是说, 对于这个 k, 第二阶段的单色集合的预期数量远小于 1, 因此在正概率下没有单色集. 于是存在 Ω 的 2-染色没有单色的集合. 从而 $m(n) > c2^n n^{1/3-o(1)}$. 实际上, 稍微仔细一点, 我们可以证明 $m(n) > c2^n n^{1/3}$.

Erdős 已经证明了上界为 $m(n) < c2^n n^2$. 那么 $m(n)$ 的上下界可能看起来已经很接近. 但从概率的角度来看, 可以将因子 2^{n-1} 视为一个单位. 我们可以将问题改写成如下: 给定一个集族 $\mathcal{F}$, 令 X 表示随机染色下的单色集合的数量. 如果 $\mathcal{F}$ 是一族 n 元集满足 $E(X) \leqslant k$, 则使得 $\Pr[X = 0] > 0$ 的极大的 $k = k(n)$ 是什么? 在这个公式中 $cn^{1/3} < k(n) < cn^2$ 并且这个问题显然值得更多关注.

竞赛图排序. 让我们回到第 1 讲的竞赛图排序函数 $F(n)$.

定理 2.3 $F(n) \leqslant cn^{3/2}$, $c = 3.5$.

虽然我一直在强调方法论, 但在组合学中仍然有足够的空间来展现单纯的聪明才智. 我认为 Ferdinand de la Vega 给出的这个证明, 是一个真正的宝石! De la Vega 实际上表明, 如果 T 是一个随机竞赛图, 那么, 对于所有的 σ

几乎总是有 $\text{fit}(T, \sigma) \leqslant cn^{3/2}$. 请回顾第 1 讲的证明, 并遵循这样的概念, 如果只有 K^n 个排列, 那么结果将是直接的.

对于由不相交的玩家构成的集合 A, B, 令

$$G(A, B) = \#[\text{非颠倒对}] - \#[\text{颠倒对}],$$

其中对于两个玩家 $a \in A$ 和 $b \in B$ 之间的游戏, 如果 a 击败 b 则称之为非颠倒. 为了方便, 假设 $n = 2^t$. 设 (见图 2.2)

$$A_1 = \{i : 1 \leqslant \sigma(i) \leqslant n/2\}, \; A_2 = \{i : n/2 < \sigma(i) \leqslant n\}.$$

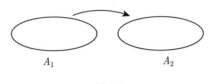

图 2.2

考虑语句:

$$S_1 : \quad \text{对于每个} \sigma, \; G(A_1, A_2) < \sqrt{n^2/4}\sqrt{n}\sqrt{2\ln 2}(1+\varepsilon).$$

这里 $\varepsilon > 0$ 是任意小的, 但是是固定的. 我断言 S_1 几乎总是成立的. 对于任意的 (A_1, A_2), $G(A_1, A_2)$ 具有分布 S_m, 其中 $m = |A_1||A_2| = n^2/4$. 因此

$$\Pr[G(A_1, A_2) > \alpha\sqrt{n^2/4}] < e^{-\alpha^2/2}.$$

这里关键的观察是相对于有 $n!$ 种可能的 σ, 这里只有 $\binom{n}{n/2} \leqslant 2^n$ 种可能的 (A_1, A_2). 因此

$$\Pr[\overline{S_1}] \leqslant \sum_{A_1, A_2} \Pr[G(A_1, A_2) > \alpha\sqrt{n^2/4}] \leqslant 2^n e^{-\alpha^2/2} \ll 1,$$

其中 $\alpha = \sqrt{n}\sqrt{2\ln 2}(1+\varepsilon)$. 在任何排序中, 我们都会 "照顾" 靠前和靠后的玩家. 我们现在在每一半的内部检查四分之一. 设 (见图 2.3)

$$A_j = \{i : (j-1)(n/4) < \sigma(i) \leqslant j(n/4)\}, \quad 1 \leqslant j \leqslant 4.$$

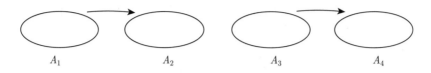

图 2.3

考虑语句:

S_2: 对于每个σ, $G(A_1, A_2) + G(A_3, A_4) < \sqrt{n^2/8}\sqrt{n}\sqrt{2\ln 4}(1+\varepsilon)$.

我断言 S_2 几乎总是成立. 其论点几乎是相同的. 现在有少于 4^n 种可能的 (A_1, A_2, A_3, A_4). 每个 $G(A_1, A_2) + G(A_3, A_4)$ 具有分布 S_m, 其中 $m = |A_1||A_2| + |A_3||A_4| = n^2/8$ 以及当 $\alpha = \sqrt{n}\sqrt{2\ln 4}(1+\varepsilon)$ 时 $\Pr[S_m > \alpha\sqrt{m}] < e^{-\alpha^2/2} \ll 4^{-n}$.

一般情况下, 对于满足 $1 \leqslant s \leqslant t$ 的 s, 将玩家分成 2^s 组, 即给定 σ, 令

$$A_j = \{i : (j-1)n2^{-s} < \sigma(i) \leqslant jn2^{-s}\}, \quad 1 \leqslant j \leqslant 2^s$$

并且令

$$G^{(s)} = \sum_{j=1}^{2^{s-1}} G(A_{2j-1}, A_{2j}).$$

则 $G^{(s)}$ 具有分布 S_m, 其中 $m = 2^{s-1}(n2^{-s})^2 = n^2/2^{s+1}$. 这里至多有 $(2^s)^n$ 种划分 $(A_1, A_2, \cdots, A_{2^s})$. (划分的数量随着 s 的增加而增加, 但这将被正在考虑的游戏数量减少的事实所弥补.) 考虑语句

S_s: 对于每个σ, $G^{(s)} \leqslant \sqrt{n^2/2^{s+1}}\sqrt{n}\sqrt{2\ln 2^s}(1+\varepsilon)$.

则

$$\Pr[\overline{S}_s] \leqslant 2^{sn}\Pr[S_m \geqslant \sqrt{m}\sqrt{n}\sqrt{2\ln 2^s}(1+\varepsilon)] \ll 1.$$

稍微细心一点, 则有

$$\Pr\left[\bigvee_{s=1}^{t}\overline{S}_s\right] \leqslant \sum_{s=1}^{t}\Pr[\overline{S}_s] \ll 1.$$

即存在一个随机的竞赛图 T 满足 $\bigwedge S_s$. 对于这样的 T 给定任意的 σ,

$$\text{fit}(T, \sigma) = \sum_{s=1}^{t} G^{(s)}$$

$$= n^{3/2}(1 + \varepsilon) \sum_{s=1}^{t} \sqrt{2 \ln 2^s} / \sqrt{2^{s+1}}$$

$$< 3.5 n^{3/2}.$$

参 考 文 献

$m(n)$ 的下界:

J. BECK, *On 3-chromatic hypergraphs*, Discrete Math., 24 (1978), pp. 127–137.

$m(n)$ 的上界是一个有趣的例子, 证明了概率方法的有效性. 参考:

P. ERDŐS, *On a combinatorial problem II*, Acta Math. Hungar., 15 (1964), pp. 445–447.

排序竞赛图中移去 $(\ln n)^{1/2}$:

W. F. DE LA VEGA, *On the maximal cardinality of a consistent set of arcs in a random tournament*, J. Combin. Theory, Ser. B, 35 (1983), pp. 328–332.

第 3 讲　随机图 I

阈值函数. 这里给出随机图的三个模型. 没有一个是所谓"正确"的观点; 最好从一个平滑地过渡到另一个. 在所有情况下, G 都有 n 个顶点.

动态的. 想象 G 在时间 0 处没有边; 在每个时间单位中, 随机选择一条边添加到 G 中, 然后 G 从空图演化到完全图.

静态的. 给定数 e, 让 G 从所有有 e 条边的图中随机选择.

概率的. 给定数 p, 将 G 的概率定义为

$$\Pr[\{i, j\} \in G] = p,$$

对于所有的顶点对 i, j, 这些概率是相互独立的. 也就是说, 抛一枚硬币, 正面朝上的概率为 p, 以此来确定每条边是否在 G 中. 当 $p = e / \binom{n}{2}$ 时, 静态和概率模型几乎相同. 我们使用概率模型, 因为它在技术上要容易得多. 这个模型用 $G_{n,p}$ 表示. 设 A 是图的一个性质, 为方便起见, 假定是单调性. 一个函数 $p(n)$ 被称为 A 的阈值函数, 如果:

(i) $\lim r(n)/p(n) = 0$ 表明 $\lim \Pr[G_{n,r(n)}$ 有性质 $A] = 0$;

(ii) $\lim r(n)/p(n) = 1$ 表明 $\lim \Pr[G_{n,r(n)}$ 有性质 $A] = 1$.

令 $f(r) = f_A(r) = \Pr[G_{n,r(n)}$ 有性质 $A]$(见图 3.1). 当 $p(n)$ 是阈值函数时, 函数 $f(r)$ 在 $r = p$ 附近从 0 跳到 1. 在动态模型中, 当图 G 有远远小于 $p(n)n^2$

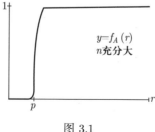

图 3.1

条边时, 它几乎必然没有性质 A; 当图 G 有远远大于 $p(n)n^2$ 条边时, 它几乎必然有性质 A, 因此在 $p(n)n^2$ 附近的某个时候, G 获得性质 A.

随机图理论是由 Paul Erdős 和 Alfréd Rényi 提出的. 他们观察到, 对于许多自然性质 A, 都有一个阈值函数 $p(n)$. 下面是一些例子:

性质:	阈值:
包含长为 k 的路	$p(n) = n^{-(k+1)/k}$
非平面	$p(n) = 1/n$
包含一条哈密顿路	$p(n) = (\ln n)/n$
连通	$p(n) = (\ln n)/n$
包含 k 个点的团	$p(n) = n^{-2/(k-1)}$

在许多情况下, 他们观察到一个更强的阈值现象. 例如, 在上面的第二、第三和第四个例子中, 如果 $r(n) < p(n)(1-\varepsilon)$, 那么该属性几乎必然不成立, 而如果对于任意小的常数 ε, $r(n) > p(n)(1+\varepsilon)$, 则该属性成立. 让我们详细研究一下最后一个例子在 $k = 4$ 时的情形.

对于每个 4 元集 S, 令 A_S 表示 S 是团这一事件并且用 X_s 表示相应的指标随机变量, 因此

$$E[A_S] = \Pr[A_S] = p^6.$$

令 X 表示 K_4 的数量从而

$$X = \sum X_S,$$

其中求和取遍所有的 4 元集 S. 由期望的线性性, 可得

$$E(X) = \sum E(X_S) = \binom{n}{4} p^6 \sim cn^4 p^6.$$

现在当 $p \sim kn^{-2/3}$ 时, $E(X) \sim 1$. 因此, 很自然地试图证明 (正如将出现的情况) $p(n) = n^{-2/3}$ 是一个阈值函数.

其中一部分很简单. 如果 $p(n) \ll n^{-2/3}$, 则 $E(X) \ll 1$, 并且 $\Pr[X > 0] \leqslant E(X) \ll 1$, 所以几乎必然有 G 不包含 K_4. 现在假设 $p(n) \gg n^{-2/3}$. 同样地, 可以推出 $E[X] \gg 1$. 我们希望得到:

$$E[X] \gg 1 \text{可以推出} \Pr[X = 0] \ll 1. \tag{3.1}$$

但是, 要小心! (3.1)一般不成立. 要给出这个关系 (如果可能的话), 需要一种新技术.

二阶矩法. 切比雪夫不等式指出, 如果 X 具有均值 m 和方差σ^2, 并且 $\lambda \geqslant 0$, 那么

$$\Pr[|X - m| \geqslant \lambda\sigma] \leqslant \lambda^{-2}.$$

令 $\lambda = m/\sigma$, 则

$$\Pr[X = 0] \leqslant \Pr[|X - m| \geqslant m] \leqslant \sigma^2/m^2.$$

为了证明上面的结论, 我们使用下面的二阶矩法:

$$\text{如果} E(X) \to \infty, \text{并且} \operatorname{var}(X) = o(E(X)^2), \text{则} \Pr[X = 0] \to 0. \qquad (*)$$

(这些极限反映了隐藏的变量 n, 即点数.) 我们只对 $E(X) \to \infty$ 的情形感兴趣. 要证明 $\operatorname{var}(X) = o(E(X)^2)$ 比较难. 因为 $X = \sum X_S$, 所以我们记

$$\operatorname{var}(X) = \sum_{S,T} \operatorname{cov}(X_S, X_T).$$

在这种情形下, 通常当使用二阶矩法时, X 是 m 个指标随机变量的和, 每个随机变量都具有期望 μ.

$$m = \binom{n}{4} \sim cn^4 \text{ 并且 } \mu = p^6.$$

$$\begin{aligned}
\operatorname{cov}(X_S, X_T) &= E(X_S X_T) - E(X_S)E(X_T) \\
&= E(X_T | X_S = 1)E(X_S) - E(X_S)E(X_T) \\
&= \mu^2 f(S, T),
\end{aligned}$$

我们令

$$f(S, T) = \frac{E(X_T | X_S = 1)}{E(X_T)} - 1.$$

因为 S, T 有 m^2 个选择, 所以

$$\operatorname{var}(X) = m^2 \mu^2 E_{S,T}[f(S, T)]$$

$$= E[X]^2 E_{S,T}[f(S,T)],$$

其中 $E_{S,T}[f(S,T)]$ 表示我们从所有 4 元集合中随机选择 S 和 T 时, $f(S,T)$ 的期望值. 然后 $(*)$ 变为

$$E(X) \to \infty, \ E_{S,T}[f(S,T)] = o(1) \Rightarrow \Pr[X = 0] \to 0.$$

由于所有的 S 都是对称的, 所以考虑 S 是固定的 (如 $S = \{1,2,3,4\}$) 并且将它从 f 的变量中删除是方便的. 我们必须检查是否

$$E_T[f(T)] = o(1).$$

$f(T)$ 的值仅仅依赖于 $i = |S \cap T|$. 于是

$$E_T[f(T)] = \sum_{i=0}^{4} \Pr[|S \cap T| = i] \times [f(S,T) \text{ 当 } |S \cap T| = i].$$

我们需要证明每一个和都很小.

情形 (i): $i = 0$ 或 1. 此时事件 A_S, A_T 是独立的, 因为它们包含不相交的边. (在这里, 概率模型相对于静态模型的便利性很明显.) 因此

$$E[X_T | X_S = 1] = E[X_T] \text{ 并且 } f(T) = 0.$$

在所有其他情况下, 去考虑 $f(T) + 1$ 会更容易.

情形 (ii): $i = 4$. 也即, $S = T$. $\Pr[S = T] = 1/m$ 并且

$$1 + f(S) = \frac{E[X_S | X_S = 1]}{\mu} = \frac{1}{\mu}.$$

所以

$$\Pr[T = S] f(S) \leqslant 1/m\mu = 1/E(X) = o(1).$$

这始终是 $S = T$ 时的情况. 一般来说

$$\operatorname{var}(X) = \sum \operatorname{var}(X_S) + \sum_{S \neq T} \operatorname{cov}(X_S, X_T).$$

因为 X_S 是在 0 和 1 之间, 所以 $\mathrm{var}(X_S) \leqslant E(X_S)$, 并且

$$\sum \mathrm{var}[X_S] \leqslant \sum E(X_S) = E(X) = o(E(X)^2).$$

情形 (iii): $i = 2$(见图 3.2). 因为 A_S 上的条件作用把一条边放在 T 中, 并将 $\Pr[A_T]$ 从 p^6 提升到 p^5, 所以这里 $1 + f(T) = p^{-1}$. 但是

$$\Pr[|S \cap T| = 2] = \binom{4}{2}\binom{n-4}{2} \Big/ \binom{n}{4} \sim cn^{-2}.$$

因为 $p \sim n^{-2/3}$, 所以

$$\Pr[|S \cap T| = 2] \times f(T) \sim cn^{-2}p^{-1} \ll 1.$$

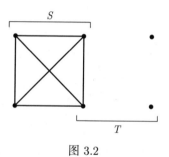

图 3.2

情形 (iv): $i = 3$(见图 3.3). 这里 $1 + f(T) = p^{-3}$, 因为已经有 3 条边被放在 T 中. 但是 $\Pr[|S \cap T| = 3] \sim cn^{-3}$, 所以 $cn^{-3}p^{-3} \ll 1$.

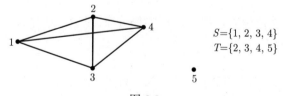

$S = \{1, 2, 3, 4\}$
$T = \{2, 3, 4, 5\}$

图 3.3

我们用表 3.1 总结, 给出了 $f(T)$ 的上界和有这种 T 的概率. 所有的积都是 $o(1)$, 所以 $E_T[f(T)] = o(1)$, 因此二阶矩法适用: $\Pr[X = 0] \sim 0$, 并且 $p = n^{-2/3}$ 确实是阈值函数.

表 3.1

$\lvert S\cap T\rvert$	$f(T)$	Pr
0,1	0	1
2	p^{-1}	n^{-2}
3	p^{-3}	n^{-3}
4	p^{-6}	n^{-4}

练习. 设 H 是 K_4 加一条尾巴 (见图 3.4), X 是 $G_{n,p}$ 中 H 的数量. 因为 $E[X] = cn^5 p^7$, 所以我们可能会认为 $p = n^{-5/7}$ 是一个阈值函数. 实际上并不是, 因为直到 $p = n^{-2/3} \gg n^{-5/7}$ 时 K_4 才出现. 将二阶矩法应用于 X, 看看有什么 "问题". 更一般地说, 对于任意 H, 记 X_H 为 H 的数量. 我们称 H 为 "平衡的", 如果包含 H 的阈值函数是 $E[X_H] = 1$ 的 p; 我们称其他的为 "不平衡的". 我们能用图论的术语来表示 "H 平衡" 吗?

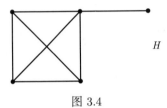

图 3.4

泊松近似. 让我们继续分析 K_4, 并更仔细地检查当 $p = cn^{-2/3}$(c 是任意的正的常数) 时的情况, 此时

$$E[X] = m\mu \sim c^6/24 = k$$

是一个常数. X 的分布是什么? 如果 X_S 是相互独立的, 那么 X 将有二项式分布 $B(m, \mu)$, 这近似为参数为 k 的泊松分布. 当然, 有时 X_S 可能是相关的. 通过容斥原理有

$$\Pr[X = 0] = 1 - \sum E[X_S] + \sum E[X_{S_1} X_{S_2}] - \cdots \pm F^{(r)} \mp \cdots,$$

其中

$$F^{(r)} = \sum E[X_{S_1} \cdots X_{S_r}],$$

这里的求和是对所有不同的 $S_1, \cdots, S_r$ 求和, 有 $\binom{m}{r} \sim m^r/r!$ 项. 如果 X_S

是独立的, 那么每项都将是 μ^r, 于是

$$F^{(r)} \rightarrow \binom{m}{r}\mu^r \rightarrow \frac{k^r}{r!}. \tag{3.2}$$

为了证明(3.2), 我们本质上需要证明 F 的加数对 S 有依赖性的影响可以忽略不计. 对于 $r = 2$, 该分析主要在最后一节中给出. (可以注意到 $F^{(2)} = \frac{1}{2}(E[X^2] - E[X])$ 以获得直接转化.) 对于一般的 r, (3.2)的证明在技术上更为复杂, 但思想是一样的. 我们在这里不给出全部的证明, 只证明它的充分性.

定理3.1 如果对所有的 r, $F^{(r)} \rightarrow k^r/r!$, 则 X 是渐近泊松的, 因为对于所有 $t \geqslant 0$, $\Pr[X = t] \rightarrow e^{-k}k^t/t!$.

证明 我们只证明 $t = 0$ 的情况. 设 $F^{(0)} = 1$, 我们有

$$\Pr[X = 0] = \sum_{r=0}^{\infty}(-1)^r F^{(r)},$$

其中对每个 r, $F^{(r)} \rightarrow k^r/r!$. 但要小心! 无限和的极限不一定是极限的和. 我们应用 Bonferroni 不等式, 一般地, 它给出

$$\sum_{r=0}^{2s+1}(-1)^r F^{(r)} \leqslant \Pr[X = 0] \leqslant \sum_{r=0}^{2s}(-1)^r F^{(r)}.$$

(也就是说, 容斥公式交替地低估和高估最终答案.) 令 $\varepsilon > 0$, 选取 s 使得

$$\left|\sum_{r=0}^{2r}(-1)^r\frac{k^r}{r!} - e^{-r}\right| < \frac{\varepsilon}{2}.$$

选择 n 足够大使得对 $0 \leqslant r \leqslant 2s$,

$$|F^{(r)} - k^r/r!| < \varepsilon/2(2s+1).$$

对于这个 n,

$$\left|\sum_{r=0}^{2s}(-1)^r F^{(r)} - e^{-r}\right| < \varepsilon$$

并且因此

$$\Pr[X = 0] < e^{-r} + \varepsilon.$$

$\Pr[X = 0]$ 的下界是相似的. 因为 ε 是任意小的, 所以 $\Pr[X = 0] \to e^{-r}$. ∎

0-1 法则. 我们只考虑图的一阶理论. 该语言只包括布尔连接词、存在和全称量词、变量、相等和邻接 (写成 $I(x, y)$). 公理只是 $(x) \sim I(x, y)$ 和 $(x)(y)I(x, y) \equiv I(y, x)$. 以下是我们可以用这种语言表达的一些事件:

(a) 有一条长度为 3 的路

$$(Ex)(Ey)(Ez)(Ew)I(x, y) \bigwedge I(y, z) \bigwedge I(z, w).$$

(b) 没有孤立点

$$(x)(Ey)I(x, y).$$

(c) 每个三角形都包含在一个 K_4 中

$$(x)(y)(z)\left(\Big(I(x, y) \bigwedge I(x, z) \bigwedge I(y, z)\Big)\right.$$
$$\left. \Rightarrow (Ew)\Big(I(x, w) \bigwedge I(y, w) \bigwedge I(z, w)\Big)\right).$$

许多其他的陈述无法表达. 例如这些句子是不可表达的: G 是连通的, G 是平面的, G 是哈密顿的. 固定 p, $0 < p < 1$. (这并不重要, 所以假设 $p = \frac{1}{2}$.)

定理3.2 对每个一阶陈述 A,

$$\lim_{n \to \infty} \Pr[G_{n,p} \text{ 具有性质 } A] = 0 \text{ 或 } 1.$$

证明 这个证明完美地结合了图论、概率和逻辑. 对于每个 r, s, 令 $A_{r,s}$ 表示 "给定任何不同的 $x_1, \cdots, x_r, y_1, \cdots, y_s$, 有一个 z 与所有的 x_i 相邻, 而且和所有的 y_j 不相邻" 这一事件. 对于每个 r, s(留作练习)

$$\lim_n \Pr[G_{n,p} \text{ 具有性质 } A_{r,s}] = 1.$$

(提示: 与第 1 讲中的具有性质 S_k 的竞赛图进行比较.)

令 G, G^* 是两个可数图 (为了方便起见, 假设每个的顶点集都是正整数集 N), 满足对于所有 r, s 都有 $A_{r,s}$. 我们断言 G 和 G^* 是同构的! 让我们通过依次确定 $f(1), f^{-1}(1), f(2), f^{-1}(2), \cdots$ 定义一个同构 $f : G \to G^*$. (开始设 $f(1) = 1$.) 当需要确定 $f(i)$ 时, f 已在有限集 V 上确定. 我们设 $f(i)$ 等

于任何 $y \in G^*$, 其满足性质: 如果 $v \in V$ 并且 $\{v, i\} \in G$, 则 $\{f(v), y\} \in G^*$; 如果 $\{v, i\} \notin G$, 则 $\{f(v), y\} \notin G^*$. 由于 G^* 具有所有性质 $A_{r,s}$ 且 V 是有限的, 因此这样的 y 是存在的. 我们以类似的方式定义 $f^{-1}(i)$. 当然, 如果对于某些 y, $f^{-1}(y)$ 已经定义为 i, 则令 $f(i) = y$. 在可数步这一过程之后 f 即是从 G 到 G^* 的同构.

现在我断言由所有 $A_{r,s}$ 组成的系统是完整的, 即对于任意的 B, 可以由 $A_{r,s}$ 证明要么是 B 要么是 $\sim B$. 假设这对于一个特定的 B 是错误的. 然后添加 B 给出理论 T, 添加 $\sim B$ 给出理论 T^*, 两者都是一致的. 但是 Gödel 完备性定理指出一致的理论必须有可数的模型 (或有限的模型), 但 $A_{r,s}$ 迫使一个模型是无限的, 因此它们将有可数模型 G, G^*. 我们刚刚证明了 G 和 G^* 必须是同构的; 因此它们在 B 上一致.

现在令 A 为任意的一阶语句. 假设 A 可从 $A_{r,s}$ 证明, 由于证明是有限的, 所以 A 可以从有限数量的 $A_{r,s}$ 中证明, 那么

$$\Pr[G_{n,p} \text{ 具有性质 } \sim A] \leqslant \sideset{}{^*}{\sum} \Pr[G_{n,p} \text{ 具有性质 } \sim A_{r,s}],$$

其中 $\sum^*$ 取遍用于证明 A 的有限集 $A_{r,s}$. 当 n 接近无穷大时, 每个加数都接近零, 因此有限和接近零, $\Pr[\sim A] \to 0$ 且 $\Pr[A] \to 1$. 如果 A 是不可证明的, 则 (完整性)$\sim A$ 是可证明的, $\Pr[\sim A] \to 1$ 且 $\Pr[A] \to 0$. ∎

对于学习随机图的学生来说, "p 是任意常数"只是一种情况. 当 $p = p(n)$ 是一个趋于零的函数时会发生什么? 对于哪个 $p(n)$ 可以给出 0-1 定律? 对于某些 $p(n)$ 不成立, 例如, 如果 $p(n) = n^{-2/3}$ 且 A 是"存在 K_4", 则泊松近似给出 $\lim \Pr[G_{n,p} \text{ 具有性质 } A] = 1 - e^{-1/24}$. 粗略看来, 那些 0-1 定律不成立的 $p(n)$ 只是一阶 A 的阈值函数. 当 $p(n) \ll 1/n$ 时我们可以确定哪些 $p(n)$ 满足 0-1 定律.

定理3.3 令 k 表示任意的正整数, 并且假设

$$n^{-1-1/k} \ll p(n) \ll n^{-1-1/(k+1)}.$$

则对任意的一阶语句 A

$$\lim_{n \to \infty} \Pr[G_{n,p} \text{ 具有性质 } A] = 0 \text{ 或 } 1.$$

证明 我们模仿证明 p 是常数时的技巧, 考虑语句:

B: 不存在 $k+2$ 个点包含生成树;

C: 没有 $\leqslant k+1$ 个点的圈; 以及架构

$A_{T,r}$: 存在 r 个分支 T, 其中 T 取遍所有最多有 $k+1$ 个点的树 (包括 "一个点的树", 一个孤立点), 并且 r 取遍所有正整数. 例如, 当 $r=1$ 并且 T 是一条边时, 我们记

$A_{T,r}$: $(Ex)(Ey)(I(x,y) \bigwedge (z)((z \neq x \bigwedge z \neq y) \Rightarrow ((\sim I(x,z)) \bigwedge (\sim I(y,z)))))$. 我们概述了所有这些语句在概率接近 1 时的论点.

B: 有 $\leqslant n^{k+2}$ 个包含 $k+2$ 个元素的集合并且在给定的 $k+2$ 个元素上有 c_k 个生成树. 给定的树在 $G_{n,p}$ 中的概率为 p^{k+1}. 因为 $p \ll n^{-1-1/k+1}$, 所以

$$\Pr[\bar{B}] \leqslant C_k n^{k+2} p^{k+1} \ll 1.$$

C: 对于每个 $t \leqslant k+1$, 长为 t 的圈有 $< n^t$ 个可能, 每个圈在 $G_{n,p}$ 中的概率均为 p^t. 因此

$$\Pr[\bar{C}] \leqslant \sum_{t=3}^{k+1} n^t p^t \ll 1.$$

(这里我们只需要 $p \ll 1/n$.)

C: 固定一个有 $s \leqslant k+1$ 个点的树 T. 对于每个包含 s 个顶点的 S, 令 A_S 表示 $G|_S \cong T$ 且其中 T 是 G 的一个分支这个事件. 因为 T 有 $s-1$ 条边, 所以 $\Pr[G|_S \cong T] \sim c_T p^{s-1}$, 其中 $c_T = s!/|\mathrm{Aut}(T)|$ 是 T 在 S 中出现的方式的数量. 给定 $G|_S \cong T$, 因为 $p \ll 1$, S 是孤立的概率为 $(1-p)^{s(n-s)} \sim e^{-pns} = 1 + o(1)$. 因此 $\Pr[A_S] \sim c_T p^{s-1}$. 令 X 表示 G 中同构于 T 的分支的个数, 所以 $X = \sum X_S$, 其中 X_S 是 A_S 的指标随机变量并且

$$E[X] = \sum E[X_S] \sim \binom{n}{s} c_T p^{s-1} \sim c' n^s p^{s-1} \gg 1,$$

这是因为 $s \leqslant k+1$ 以及 $p \gg n^{-1-1/k}$. 我们想要证明 $\Pr[X \leqslant r] \ll 1$ 对所有固定的 r 成立. 这需要我们在 X 上应用二阶矩法, 这里我们省略这一证明.

满足 B, C 和架构 $A_{T,r}$ 的可数图 G 是什么? 由 B 可知, G 的分支必须限制为 $k+1$ 个点, 由 C 可知, 这些分支必须是树. 由架构 $A_{T,r}$ 可知, 每棵这样的树都必须作为一个分支无限次地出现, 即 $\geq r$(对于所有 r), 因此常常可数次. 我们已经将 G 唯一定义为由每个此类 T 的可数个分支组成, 仅此而已. B, C, $A_{T,r}$ 的所有可数模型都是同构的. 因此, 理论 B, C, $A_{T,r}$ 是完备的. 因此 $G_{n,p}$ 满足 0-1 定律. ∎

若 $p = n^{-1}$ 会发生什么? 示例 "存在 K_4" 和许多其他示例表明阈值函数始终具有 n 的有理幂, 可能是低阶 (例如, 对数) 项的倍数. 在 1988 年, Saharon Shelah 和本书作者明确了这个概念.

定理3.4 令 $0 < \alpha < 1$ 是无理的, 设 $p = n^{-\alpha}$, 则对任意的一阶语句 A,

$$\lim_{n \to \infty} \Pr[G_{n,p} \text{ 具有性质 } A] = 0 \text{ 或 } 1.$$

$p = 1/n$ **附近的演化.** 随机图演化中最有趣的阶段是 $p = 1/n$ 附近. 假设 $p = c/n$ 且 $c < 1$. 一个点的度有分布 $B(n-1, p)$, 大致是泊松 c. 我们通过分支过程 估计包含给定点 P 的分支. 该点有泊松 c 个邻点或孩子. 每个邻点都有泊松 c 邻点, 或 P 的孙子. 当 $c < 1$ 时, 分支过程最终停止. 也就是说, 设 p_k 为在纯分支过程中, 包括原始点在内恰好有 k 个后代的概率. 满足 $c < 1, \sum_{k=1}^{\infty} p_k = 1$. 在随机图中, 大约 $p_k n$ 个点将位于大小为 k 的分支中. 最大分支的大小为 $O(\ln n)$, 其中 k 满足 $p_k + p_{k+1} + \cdots \sim 1/n$.

现在假设 $c > 1$, 则

$$\sum_{k=1}^{\infty} p_k = 1 - \alpha_c,$$

其中 $\alpha_c > 0$ 是纯分支过程永远持续下去的概率. 同样, 对于每个固定的 k, 大小为 k 的分支中大约有 $p_k n$ 个点. 当 k 变大时, 顶点开始有共同的邻点, 从而分支过程的类比变得不准确. 实际发生的是过程 "永远持续" 的 $\alpha_c n$ 个点位于单个 "巨型分支" 中. 所有其他分支的大小最多为 $O(\ln n)$.

$c = 1$ 时会发生什么? 这种情况是最微妙的, 因为大小为 $O(\ln n)$ 的分支正在合并以创建一个巨大的分支. 恰好在 $p = 1/n$ 时, 最大分支的大小约为 $\sim n^{2/3}$, 并且有很多这样的分支. 大型分支最不稳定. 它们倾向于彼此快速合并, 因为两个分支合并的概率与其基数的乘积成正比. 最大分支的大小从 $O(\ln n)$ 到 $O(n^{2/3})$ 到 $O(n)$ 的变化称为双跳. 我不觉得这个术语特别合适, 因为中间值 $O(n^{2/3})$ 只能通过精确选择 $p = 1/n$ 找到. 近年来, 双跳得到了更好的理解. 关键是适当的参数化来"减慢"双跳. 事实上是

$$p = \frac{1}{n} + \frac{\lambda}{n^{4/3}}.$$

在 $n = 50000$ 的计算机实验中, 从 $\lambda = -4$ 到 $\lambda = +4$ 的转变是惊人的. 在 $\lambda = -4$ 处, 最大的分支的大小为 $\varepsilon n^{2/3}$(对于较小的 ε), 更重要的是, 顶部的几个分支的大小大致相同, 它们都是树. 当我们将 $(\Delta\lambda)n^{-4/3}$ 添加到 p 时, 大小为 $\varepsilon_1 n^{2/3}$ 和 $\varepsilon_2 n^{2/3}$ 的分支有 $\sim \varepsilon_1\varepsilon_2(\Delta\lambda)$ 的概率合并. 到 $\lambda = +4$ 时, 这些分支中的大多数都已合并, 并且对于相当大的 K 形成大小为 $Kn^{2/3}$ 的主导分支. 所有其他分支都很小, 对于某较小的 ε', 小于 $\varepsilon'n^{2/3}$. 主导分支不是一棵树, 它的边比顶点多. 此时起, 主导分支继续变大, 吸收较小的分支. 虽然偶尔会合并两个小分支, 但它们在相对大小方面永远不会挑战主导分支. 这些计算机结果得到大量相当详细的理论分析的支持.

连通性. 例如, 在 $p = 100/n$ 时, 有一个巨大的分支和许多小分支. 因为更多的边被加入, 所以较小的分支被吸进巨大的分支中, 直到只剩下少数几个. 最后一个幸存的小分支是一个孤立点; 当它被加入时, 图变成连通的. Erdős 和 Rényi发现了一个关于何时发生这种情况的令人惊讶的精确描述.

定理 3.5 令 $p = p(n) = (\ln n)/n + c/n$, 则

$$\lim_{n\to\infty} \Pr[G_{n,p} \text{ 是连通的 }] = e^{-e^{-c}}.$$

证明 令 A_i 表示事件"i 是孤立的", X_i 是相关指标随机变量以及 $X = X_1 + \cdots + X_n$ 为孤立点数. 设 $\mu = \Pr[A_i] = (1-p)^{n-1}$, 因此 $\mu \sim e^{-pn} = e^{-c}/n$. 于是

$$E[X] = n\mu \sim e^{-c}.$$

我们证明 X 是渐近泊松的. 根据我们之前的符号及对称性

$$F^{(r)} = \sum E[X_{i_1}\cdots X_{i_r}] = \binom{n}{r}E[X_1\cdots X_r].$$

但我们可以精确计算

$$E[X_1 \cdots X_r] = \Pr[1, \cdots, r \text{ 是孤立的 }] = (1-p)^{r(n-1)-\binom{r}{2}}$$
$$= \mu^r (1-p)^{-\binom{r}{2}}.$$

对任意固定的 r, $\lim(1-p)^{-\binom{r}{2}} = 1$, 所以 $F(r) \to \binom{n}{r}\mu^r \to (e^{-c})^r/r!$ 条件适用, X 是渐近泊松的且

$$\lim_{n \to \infty} \Pr[X = 0] = e^{-e^{-c}}.$$

如果 $X > 0$, 则 G 不连通. 如果 $X = 0$, G 可能仍然不连通, 但我们现在说明这种情况发生的概率接近于零. 如果 $X = 0$ 并且 G 不连通, 则对于某个 t, $2 \leqslant t \leqslant n/2$, 存在大小为 t 的分支. 让我们详细分析 $t = 2$ 的情况, 一共有 $\binom{n}{2} < n^2/2$ 个 2 元集. 给定的一个 2 元集形成一个分支的概率是 $p(1-p)^{2(n-2)}$, 因为这些点必须彼此连接并且不能与其他点连接. 两点分支的期望数最多为 $(n^2/2)p(1-p)^{2(n-2)} \sim (p/2)(ne^{-pn})^2 = (p/2)e^{-2c}$, 这是接近于 0 的, 因为 $p = o(1)$. 类似地, 可以证明所有大小为 t $(2 \leqslant t \leqslant n/2)$ 的分支的期望数接近于零. G 连通的概率与 G 没有孤立点的概率相差 $o(1)$, 因此是 $o(1) + \exp[-e^{-c}]$. ∎

附录: 数论. 二阶矩法是数论中的有效工具. 令 $v(n)$ 表示整除 n 的素数 p 的数量. (我们不计算多重性, 尽管它几乎没有什么区别.) 以下结果粗略地表明, "几乎所有" n 有 "非常接近" $\ln\ln n$ 个素因子. Hardy 和 Ramanujan 在 1920 年通过一个相当复杂的论证首次证明了这一点. 我们给出 Paul Turán 在 1934 年发现的证明, 该证明在数论中的概率方法的发展中起着关键作用.

定理3.6 令 $f(n)$ 任意缓慢地逼近无穷大, 在 $1, \cdots, n$ 中使得

$$|v(x) - \ln\ln n| > f(n)(\ln\ln n)^{1/2}$$

的 x 的数目为 $o(n)$.

证明 随机地从 $1, \cdots, n$ 中选取 x. 对于素数 p, 令

$$X_p = \begin{cases} 1, & \text{如果} p|x, \\ 0, & \text{否则}. \end{cases}$$

并令 $X = \sum X_p$, 这个求和取自所有的素数 $p \leqslant n$, 因此 $X(x) = v(x)$. 现在

$$E[X_p] = [n/p]/n.$$

因为 $y - 1 < [y] \leqslant y$, 所以

$$E[X_p] = 1/p + O(1/n).$$

由期望的线性性

$$E[X] = \sum_{p \leqslant n} (1/p + O(1/n)) = \ln\ln n + o(1).$$

现在我们确定方差的界:

$$\mathrm{var}(X) = \sum_p \mathrm{var}(X_p) + \sum_{p \neq q} \mathrm{cov}(X_p, X_q).$$

因为 $\mathrm{var}(X_p) < E(X_p)$, 所以第一个求和式至多为 $\ln\ln n + o(1)$. 对于协方差, 注意到 $X_p X_q = 1$ 当且仅当 $pq|n$. 于是

$$\begin{aligned}
\mathrm{cov}(X_p, X_q) &= E(X_p X_q) - E(X_p) E(X_q) \\
&= [n/pq]/n - ([n/p]/n)([n/q]/n) \\
&\leqslant 1/pq - (1/p - 1/n)(1/q - 1/n) \\
&\leqslant 1/n(1/p + 1/q).
\end{aligned}$$

因此

$$\begin{aligned}
\sum_{p \neq q} \mathrm{cov}(X_p, X_q) &\leqslant (1/n) \sum_{p \neq q} (1/p + 1/q) \\
&= (\pi(n) - 1)/n \sum_p 1/p,
\end{aligned}$$

其中 $\pi(n) \sim n/\ln n$ 是素数 $p \leqslant n$ 的数目. 所以

$$\mathrm{cov}(X_p, X_q) < \frac{n/\ln n}{n}(\ln\ln n) = o(1).$$

也就是说, 协方差不影响方差, $\mathrm{var}(X) = \ln\ln n + o(1)$, 而二阶矩法和切比雪夫不等式, 实际上可以推出对任意的常数 K

$$\Pr[|v(x) - \ln\ln n| > K(\ln\ln n)^{1/2}] < K^{-2} + o(1). \qquad \blacksquare$$

参 考 文 献

有两本关于随机图主题的通用书籍:

B. BOLLOBÁS, *Random Graphs*, Academic Press, London, 1985.

E. PALMER, *Graphical Evolution*, John Wiley, New York, 1985.

关于该主题的原始开创性论文非常值得一读:

P. ERDŐS AND A. RÉNYI, *On the evolution of random graphs*, Magyar Tud. Akad.
Mat. Kut. Int. Kozl., 5 (1960), pp. 17–61.

p 为常数的 0-1 定律是:

R. FAGIN, *Probabilities on finite models*, J. Symbolic Logic, 41 (1976), pp. 50–58.

$p = n^{-\alpha}$ 的 0-1 定律是:

S. SHELAH AND J. SPENCER, *Zero-one laws for sparse random graphs*, J. Amer.
Math. Soc., 1 (1988), pp. 97–115.

另一种可能更简单的方法是:

J. SPENCER, *Threshold spectra via the Ehrenfeucht game*, Discrete Appl. Math.,
30 (1991), pp. 235–252.

第 4 讲 大偏差和非概率算法

大偏差 (Large deviation). 让我们从第 1 讲中使用的一个结果的漂亮证明开始.

定理 4.1 令 $S_n = X_1 + X_2 + \cdots + X_n$, 其中 $\Pr[X_i = +1] = \Pr[X_i = -1] = \frac{1}{2}$, 并且 X_i 互相独立. 则对任意的 $\lambda > 0$,

$$\Pr[S_n > \lambda] < e^{-\lambda^2/2n}.$$

证明 对任意的 $\alpha > 0$,

$$E[e^{\alpha X_i}] = \frac{1}{2}\left[e^{\alpha} + e^{-\alpha}\right] = \cosh(\alpha) \leqslant e^{\alpha^2/2}.$$

(这个不等式可以通过比较泰勒级数来证明). 因为 X_i 是互相独立的, 所以

$$E[e^{\alpha S_n}] = E\left[\prod_{i=1}^{n} e^{\alpha X_i}\right] = \prod_{i=1}^{n} E[e^{\alpha X_i}] < \prod_{i=1}^{n} e^{\alpha^2/2} = e^{\alpha^2 n/2}.$$

于是

$$\Pr[S_n > \lambda] = \Pr[e^{\alpha S_n} > e^{\alpha\lambda}] \leqslant E[e^{\alpha S_n}]e^{-\alpha\lambda} < e^{\alpha^2 n/2 - \alpha\lambda}.$$

现在选取 $\alpha = \lambda/n$, 简化不等式可得

$$\Pr[S_n > \lambda] < e^{-\lambda^2/2n}. \qquad \blacksquare$$

一般地, 令 $Y_1, \cdots, Y_n$ 是独立的随机变量且满足

$$\Pr[Y_i = 1] = p_i, \ \Pr[Y_i = 0] = 1 - p_i,$$

并且通过设 $X_i = Y_i - p_i$ 对 Y_i 进行标准化. 令 $p = (p_1 + \cdots + p_n)/n$ 以及 $X = X_1 + \cdots + X_n$. 不加证明地我们给出下面的结果:

$$\Pr[X > \alpha] < e^{-2\alpha^2/n},$$
$$\Pr[X < -\alpha] < e^{-\alpha^2/2pn},$$
$$\Pr[X > \alpha] < e^{-\alpha^2/2pn + \alpha^3/2(pn)^3}.$$

当 $p \ll 1$ 时后面两个不等式很有用. $\alpha^3/2(pn)^3$ 在实际应用中通常取值比较小. 当所有的 $p_i = p$ 时, $X = B(n,p) - np$ 几乎服从均值为零、方差为 $np(1-p) \sim np$ 的正态分布, 这从某种程度上解释了后两个不等式.

差异(Discrepancy). 令 $\mathscr{A} \subseteq 2^{\Omega}$ 是任意的由有限集构成的集族. 令 $\chi : \Omega \to \{+1, -1\}$ 是 Ω 中元素的一个 2-染色. 定义

$$\chi(A) = \sum_{a \in A} \chi(a),$$

$$\mathrm{disc}(\chi) = \max_{A \in \mathscr{A}} |\chi(A)|,$$

$$\mathrm{disc}(\mathscr{A}) = \min_{\chi} \mathrm{disc}(\chi).$$

注意到 $\mathrm{disc}(\chi) \leqslant K$ 意味着存在 Ω 的一个 2-染色使得对于任意的 $A \in \mathscr{A}$ 有 $|\chi(A)| \leqslant K$.

定理4.2 如果 $|\mathscr{A}| = |\Omega| = n$, 则

$$\mathrm{disc}(\mathscr{A}) \leqslant \sqrt{2n \ln(2n)}.$$

证明 随机选取 χ 及 $|A| = r$, $\chi(A)$ 的分布为 S_r. 因为对所有的 $A \subseteq \Omega$ 有 $|A| \leqslant |\Omega| = n$, 所以

$$\Pr[|\chi(A)| > \lambda] < 2e^{-\lambda^2/2n}.$$

于是

$$\Pr[\mathrm{disc}(\chi) > \lambda] < \sum_{A \in \mathscr{A}} \Pr[|\chi(A)| > \lambda] < 2ne^{-\lambda^2/2n} = 1.$$

取 $\lambda = \sqrt{2n \ln(2n)}$, 于是 $\Pr[\mathrm{disc}(\chi) \leqslant \lambda] > 0$, 因此存在 χ 满足 $\mathrm{disc}(\chi) \leqslant \lambda$. ∎

我们也可以用向量的形式来表示这个结果.

定理4.3 令 $u_j \in R^n$, $|u_j|_{\infty} \leqslant 1, 1 \leqslant j \leqslant n$. 设 $u = \varepsilon_1 u_1 + \cdots + \varepsilon_n u_n$, 则存在 $\varepsilon_j \in \{-1, +1\}$, 使得 $|u|_{\infty} \leqslant \sqrt{2n \ln(2n)}$. (注意: 若 $u = (L_1, \cdots, L_n)$, 则 u 的 L^{∞} 范数 $|u|_{\infty} = \max |L_i|$.)

下面是两个公式之间的转化. 给定 $\mathscr{A} \subseteq 2^{\Omega}$, 将 Ω 中的元素标记为 $1, 2, \cdots, n$ 以及 $\mathscr{A}$ 中的集合为 $A_1, \cdots, A_n$ 并且定义关联矩阵 $A = [a_{ij}]$, 其中 $a_{ij} = 1$ 如果 $j \in A_i$, 否则 $a_{ij} = 0$. 令 u_j 是矩阵 A 的列向量. 一个 2-染色 $\chi : \Omega \to \{-1, +1\}$ 对应于 $\varepsilon_j = \chi(j)$ (对任意的 $j \in \{1, 2, \cdots, n\}$), $\chi(A_i)$ 与 u 的第 i 个分量 L_i 对应以及 $\mathrm{disc}(\chi)$ 对应于 $|u|_{\infty}$. 然而, 现在我们允许 $a_{ij} \in [-1, +1]$ 任意取值. 很容易对第一个定理的证明进行改进来证明 $\Pr[|L_i| > \lambda] < 2e^{-\lambda^2/2n}$, 其中 ε_j 随机选取, 剩余部分的证明和之前一样 (见图 4.1).

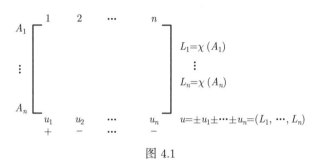

图 4.1

一个动态算法. 我们有一个概率的方法来证明 ε_j 存在以及 $|u|_{\infty} < \lambda = \sqrt{2n\ln(2n)}$. 现在我们寻找一个能够找到这样的 ε_j 的算法. 当然, 这个算法应该在多项式时间内运行. 我们不能简单地检查 ε_j 的所有 2^n 种选择. 如果稍微改进一下我们的条件并且要求 $|u|_{\infty} \leqslant \sqrt{2n\ln(2n)}(1.1)$, 则很快能找到一个随机算法. 简单随机地选择 ε_j, 失败的概率至多为 $2n(2n)^{-1.21} \ll 1$, 但现在我们不允许有概率步骤.

这里有一个非常通用的方法来 "去除抛硬币", 该方法只有一个缺陷: 假设所有的 n 元组 $(\varepsilon_1, \cdots, \varepsilon_n), \varepsilon_i \in \{0, 1\}$ 构成基础概率空间, 每一个 n 元组是等概率出现的并且 $A_1, \cdots, A_m$ 是 "坏" 的事件, 且满足 $\sum \Pr[A_i] < 1$. 我们想要寻找满足 $\bigwedge(\overline{A_i})$ 的 $\varepsilon_1, \cdots, \varepsilon_n$. (在我们的情形下 $m = n$ 以及 A_i 表示事件 $|L_i| \geqslant \lambda$.) 我们按顺序依次寻找 $\varepsilon_1, \varepsilon_2, \cdots$. 假设 $\varepsilon_1, \cdots, \varepsilon_{j-1}$ 已经固定. 设

$$W_i = \Pr[A_i | \varepsilon_1, \cdots, \varepsilon_{j-1}].$$

即 W_i 是在 $\varepsilon_1, \cdots, \varepsilon_{j-1}$ 已经固定时 A_i 发生的概率且剩余的 ε_k 通过独立地

抛硬币选取. 固定 ε_j, 会有两种可能的方式改变 W_i. 设

$$W_i{}^+ = \Pr[A_i|\varepsilon_1,\cdots,\varepsilon_{j-1},\varepsilon_j=+1],$$

$$W_i{}^- = \Pr[A_i|\varepsilon_1,\cdots,\varepsilon_{j-1},\varepsilon_j=-1].$$

则 $W_i = \frac{1}{2}[W_i{}^+ + W_i{}^-]$. 现在设 $W^{\mathrm{OLD}} = \sum W_i$, $W^{\mathrm{OLD}+} = \sum W_i{}^+$, $W^{\mathrm{OLD}-} = \sum W_i{}^-$, 因此 $W^{\mathrm{OLD}} = \frac{1}{2}[W^{\mathrm{OLD}+} + W^{\mathrm{OLD}-}]$. 算法是: 如果 $W^{\mathrm{OLD}+} \leqslant W^{\mathrm{OLD}-}$, 选取 $\varepsilon_j = +1$; 否则选取 $\varepsilon_j = -1$.

选好 ε_j 后令

$$W^{\mathrm{NEW}} = \sum \Pr[A_i|\varepsilon_1,\cdots,\varepsilon_{j-1},\varepsilon_j].$$

(即我们已经选好了 ε_j 使得最小化 W^{NEW}.) 则

$$W^{\mathrm{NEW}} = \min\{W^{\mathrm{OLD}+}, W^{\mathrm{OLD}-}\} \leqslant \frac{1}{2}[W^{\mathrm{OLD}+} + W^{\mathrm{OLD}-}] = W^{\mathrm{OLD}}.$$

令 W^{INIT}, W^{FIN} 分别表示 W 在 $j=1$(在所有的 ε_j 被选取之前) 和在 $j = n+1$ (在所有的 ε_j 被选取之后) 的值. 因为在每一阶段 $W^{\mathrm{NEW}} \leqslant W^{\mathrm{OLD}}$, 所以

$$W^{\mathrm{FIN}} \leqslant W^{\mathrm{INIT}}.$$

由假设 $W^{\mathrm{INIT}} = \sum \Pr[A_j] < 1$, 所以 $W^{\mathrm{FIN}} < 1$. 但是现在概率空间中的点 $(\varepsilon_1,\cdots,\varepsilon_n)$ 已经固定, 因此所有的条件概率要么是 0 要么是 1(要么 A_i 已经发生要么还未发生). 因为和式小于 1, 所以每个求和项必须等于 0. 所有的 A_i 没有发生, $(\varepsilon_1,\cdots,\varepsilon_n)$ 满足 $\bigwedge \overline{A_i}$, 算法已经成功.

缺点在哪里呢? 这个算法总是有效的, 但是, 不总是在多项式时间内. 条件概率的计算可能要花费指数时间. 在我们上面所说的情况下, 甚至计算 $\Pr[A_i]$ 都需要使得 $|\sum \varepsilon_j a_{ij}| > \sqrt{2n\ln(2n)}$ 的 $(\varepsilon_1,\cdots,\varepsilon_n)$ 的数量, 并且当任意地选取 $a_{ij} \in [-1,+1]$ 时还没有已知的多项式算法. 我们的原始问题, 当 $a_{ij} \in \{0,1\}$ 时, 确实已经成功解决. 这样, 所有的条件概率都可以很容易地用合适的二项式系数来表示, 并且 ε_j 可以在多项式时间内确定. 我们很快就会看到对任意的 a_{ij} 都适用的算法.

推动者–选择者游戏 (The pusher-chooser game). 我们考虑一个零和且需要两个玩家进行 n 轮的游戏. 一个可以被移动的点 $P \in R^n$ 称为位置向量; 起始时 P 设置在 0 处. 在每一轮中第一位玩家, 也称推动者, 选取 $v \in R^n$ 满足 $|v|_\infty \leqslant 1$, 然后接着 (已知 P 和 v) 第二位玩家, 也称作选择者, 把 P 重置为 $P + v$ 或者 $P - v$(见图 4.2). 用 P^{FIN} 来表示完成 n 轮后的 P 值. 推动者的报酬为 $|P^{\mathrm{FIN}}|_\infty$. 令 $\mathrm{VAL}(n)$ 表示这个游戏的价值 (对推动者而言). (在同一个游戏下 $|v|_2 \leqslant 1$ 并且报酬 $|P^{\mathrm{FIN}}|_2$ 有一个简单的解法. 推动者每次都选择和 P 正交的单位向量 v, 使得在忽视选择者的选择的条件下, 满足 $|P^{\mathrm{NEW}}|^2 = |P^{\mathrm{OLD}}|^2 + |v|^2$, 因此有 $|P^{\mathrm{FIN}}| = n^{1/2}$. 另一方面, 选择者可以总是选取一个符号使得 $\pm v$ 与 P 成钝角或者直角, 在这种策略下 $|P^{\mathrm{FIN}}| \leqslant n^{1/2}$. 因此游戏的价值为 $n^{1/2}$.)

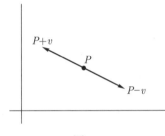

图 4.2

双曲余弦算法.

定理4.4 $\mathrm{VAL}(n) \leqslant \sqrt{2n\ln(2n)}$.

证明 选取固定的 $\alpha > 0$, 但是就当下而言, $\alpha > 0$ 是任意的. 设 $G(x) = \cosh(\alpha x)$. 对任意的 $a \in [-1, +1]$,

$$\frac{1}{2}[G(x+a) + G(x-a)] = G(x)G(a) \leqslant G(x)\cosh(\alpha) \leqslant G(x)e^{\alpha^2/2}. \quad (4.1)$$

对于 $x \in R^n, x = (x_1, \cdots, x_n)$, 设

$$G(x) = \sum_{i=1}^{n} G(x_i).$$

对于任意的 $P \in R^n$ 和 $v \in R^n$ 满足 $|v|_\infty \leqslant 1$, 在 (4.1) 中对所有的坐标分量

求和得到

$$\frac{1}{2}[G(P+v)+G(P-v)] \leqslant G(P)e^{\alpha^2/2}. \tag{4.2}$$

这是选择者的一个算法: 在任何时候选择使 $G(P)$ 的新值最小的符号.

令 P^{OLD}, P^{NEW} 是 P 在任何特定移动开始和结束时的值, 并且令 v 是推动者的选择. 则

$$
\begin{aligned}
G(P^{\mathrm{NEW}}) &= \min[G(P^{\mathrm{OLD}}+v), G(P^{\mathrm{OLD}}-v)] \\
&\leqslant \frac{1}{2}[G(P^{\mathrm{OLD}}+v)+G(P^{\mathrm{OLD}}-v)] \\
&< G(P^{\mathrm{OLD}})e^{\alpha^2/2}.
\end{aligned}
$$

在游戏开始时 $G(P) = G(0) = n$, 所以

$$G(P^{\mathrm{FIN}}) < ne^{\alpha^2 n/2}.$$

对任意的 x, $G(x) \geqslant \cosh(\alpha|x|_\infty) > \frac{1}{2}e^{\alpha|x|_\infty}$, 所以

$$\frac{1}{2}e^{\alpha|P^{\mathrm{FIN}}|_\infty} \leqslant ne^{\alpha^2/2}, \quad |P^{\mathrm{FIN}}|_\infty \leqslant \ln(2n)/\alpha + \alpha n/2.$$

令 $\alpha = \sqrt{2n\ln(2n)}$, 我们得到最好的算法, 于是

$$\mathrm{VAL}(n) \leqslant |P^{\mathrm{FIN}}|_\infty < \sqrt{2n\ln(2n)}. \qquad\blacksquare$$

$G(P)$ 的计算可以很快地完成. 这个结果给出了一个很好的寻找满足 $|\sum \varepsilon_j u_j|_\infty < \sqrt{2n\ln(2n)}$ 的 $\varepsilon_1, \cdots, \varepsilon_n = \pm 1$ 的算法. 这个算法是非预期性的, 因为对 ε_j 的确定不需要 "向前" 查找数据 $a_{jk}, k > j$. $\mathrm{VAL}(n)$ 是 $|\sum \varepsilon_j u_j|_\infty$ 在非预期 (虽然不一定很快) 算法下能达到的最小的值.

顺其自然. 现在我们给出 $\mathrm{VAL}(n)$ 的一个下界. 这是一个针对推动者如何确定 v 的策略. 给定 P, 根据相应坐标处的取值将所有坐标分组. 在每一组中令 v 的坐标一半是 $+1$ 一半是 -1. 如果某组中有奇数个坐标, 则令 v 在该组中某个坐标为零. 在这种策略下, 选择者没有选择! 下面给出一个例子, 排

列坐标为 $P \pm v$.

$$
\begin{array}{lccccccccccccccc}
\text{如果 } P = & 0 & 0 & 0 & 0 & 0 & 1 & 1 & 1 & 1 & 2 & 2 & 2 & 3 & 4 & 4 \\
\text{设 } v = & + & + & - & - & 0 & + & + & - & - & + & - & 0 & 0 & + & - \\
P - v = & -1 & -1 & 1 & 1 & 0 & 0 & 0 & 2 & 2 & 1 & 3 & 3 & 2 & 3 & 5
\end{array}
$$

P 初始为 0, P^{FIN} 是确定的并且 $|P^{\mathrm{FIN}}|_\infty$ 给出 $\mathrm{VAL}(n)$ 的一个下界. 只剩下估计 $|P^{\mathrm{FIN}}|_\infty$.

处理坐标值的分布是更为方便的. 给定 $P = (x_1, \cdots, x_n) \in Z^n$(在这种策略下 P 总是取格子节点), 定义 $\hat{P} : Z \to N$, 其中 $\hat{P}(x)$ 是使得 $x_i = x$ 的 i 的数目. 取例子中的 P, 我们列出 $\hat{P}(x)$ 的值, 并在 $\hat{P}(0)$ 处画下画线.

$$\hat{P} = \underline{5}\,4\,3\,1\,2.$$

我们设想一个一维正方形数组, 在正方形 x 上有 $\hat{P}(x)$ 个筹码 (见图 4.3).

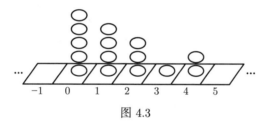

图 4.3

在推动者和选择者移动后, 新的位置为

$$P^{\mathrm{NEW}} = 2\,3\,\underline{3}\,3\,3\,0\,1.$$

设 T 是把 P^{OLD} 变为 P^{NEW} 的变换. 就筹码而言 (这是我们思考问题的方式!), T 变换包括同时对每一堆筹码, 把其中一半向左移一个方格, 一半向右移一个方块, 并且如果这堆筹码是奇数个将会保留一个筹码不变. 对于一个筹码位置 $\hat{P}$, 定义支撑 $\mathrm{supp}(\hat{P})$ 是使得在 $+i$ 或 $-i$ 处有筹码的最大的 i. 设 $\bar{n}$ 为正方形 0 上有 n 个筹码的位置. 则

$$\mathrm{VAL}(n) \geqslant \mathrm{supp}(T^n(\bar{n})).$$

例如, 当 $n = 20$ 时, 对 $i = 1, 2, \cdots, 20$, $T^i(\overline{20})$ 的值分别为 10 $\underline{0}$ 10, 5 0 $\underline{10}$ 0 5, 2 1 7 0 7 1 2, $\cdots$, 1 1 1 1 3 1 2 $\underline{1}$ 3 1 1 1 1 1, 从而 $\mathrm{VAL}(20) \geqslant 7$. 顺便说一句, 研究筹码游戏本身就是非常奇妙的. 你所需要的只是一台小电脑和丰富的想象力. 从正方形 0 处的 100 个筹码开始, 然后继续! 没有必要在 100 次停止——这个过程中的垂死挣扎很吸引人.

设 $a = \mathrm{supp}(T^n(\overline{n}))$. 我们用一个线性变换 S 来近似 T 从而估计 a, 对于这个变换, 筹码可以分成两半或更多. 由于某种技术原因, 设 $\Omega = \{-a, \cdots, a\}$ $\cup \{\infty\}$ 并定义线性算子 S(这里 $x : \Omega \to R$)

$$(Sx)(i) = \frac{1}{2}[x(i-1) + x(i+1)], \quad |i| < a,$$
$$(Sx)(a) = \frac{1}{2}x(a-1),$$
$$(Sx)(-a) = \frac{1}{2}x(-a+1),$$
$$(Sx)(\infty) = x(\infty) + \frac{1}{2}x(a) + \frac{1}{2}x(-a).$$

对于 $(-a, +a)$ 中的筹码位置, 除了奇数个筹码被分割之外, S 的作用类似于 T. S 是在 ∞ 处有吸收障碍的 Ω 上随机游走的线性算子. a 的定义允许我们认为 $T^n(\overline{n})$ 在 Ω 上是有意义的.

断言 4.1 $(S^n - T^n)(\overline{n})(\infty) \leqslant 2a + 1$.

证明

$$(S^n - T^n)(\overline{n})(\infty) = \sum_{i=0}^{n-1} S^i (S - T) T^{n-1-i}(\overline{n})(\infty).$$

假设 $T^{n-1-i}(\overline{n})$ 在位置 j 上有 a_{ij} 个筹码, $-a \leqslant j \leqslant a$. S 和 T 在每一堆筹码上的作用相同, 仅在有奇数个筹码的堆上不同, 其中 T 的作用类似于恒等变化. 对于 $-a \leqslant j \leqslant a$, 定义 u_j 为满足 $u_j(j) = 1$ 和 $u_j(i) = 0 (i \neq j)$ 的函数. 对 $0 \leqslant i \leqslant n-1$, 令 $T^{n-1-i}(\overline{n}) = \sum_{|j| \leqslant a} a_{ij} u_j$. 则

$$(S - T) T^{n-1-i}(\overline{n}) = \sum_{j \in A_i} S u_j - u_j,$$

其中 A_i 是 a_{ij} 为奇数的 j 的集合. 因为

$$S^n - T^n = \sum_{i=0}^{n-1} S^{n-i}T^i - S^{n-i-1}T^{i+1} = \sum_{i=0}^{n-1} S^i(S-T)T^{n-i-1}.$$

所以

$$(S^n - T^n)(\overline{n})(\infty) = \sum_{i=0}^{n-1}\sum_{j\in A_i}(S^{i+1}-S^i)(u_j)(\infty)$$

$$\leqslant \sum_{i=0}^{n-1}\sum_{|j|\leqslant a}(S^{i+1}-S^i)(u_j)(\infty),$$

因为对于所有的 i,j, $(S^{i+1}-S^i)(u_j)(\infty) \geqslant 0$. 这是我们在 ∞ 处给 S 设置吸收障碍的技术原因. 所以

$$(S^n - T^n)(\overline{n})(\infty) \leqslant \sum_{|j|\leqslant a}\sum_{i=0}^{n-1}(S^{i+1}-S^i)(u_j)(\infty)$$

$$= \sum_{|j|\leqslant a}(S^n - I)(u_j)(\infty)$$

$$\leqslant \sum_{|j|\leqslant a}(1-0) = 2a+1. \qquad \blacksquare$$

那么 a 的渐近呢? 我们选择了使得 $T^n(\overline{n})(\infty) = 0$ 的 a, 因此 $S^n(\overline{n})(\infty) \leqslant 2a+1$, 所以, 由线性性

$$S^n(\overline{1})(\infty) \leqslant (2a+1)/n. \tag{4.3}$$

而 $S^n(\overline{1})(\infty)$ 就是在 Ω 上从零处开始进行随机游走到达有吸收障碍的 ∞ 处的概率. 这只是在正常的一维随机游走中在时间 n 内到达 $\pm(a+1)$ 的概率. 当 $a = Kn^{1/2}$ 且 K 慢慢趋于无穷时, 概率为 $e^{-K^2/2(1+o(1))}$. 对于任何固定的 $\varepsilon > 0$, 如果 $a = \sqrt{n\ln n}(1-\varepsilon)$ (省略计算), (4.3) 不成立, 因此

$$\mathrm{VAL}(n) > \sqrt{n\ln n}(1-o(1)).$$

参 考 文 献

推动者–选择者游戏和双曲余弦算法来自:

J. SPENCER, *Balancing games*, J. Combin. Theory Ser. B, 23 (1977), pp. 68–74.

筹码游戏参见:

J. SPENCER, *Balancing vectors in the max norm*, Combinatorica, 6 (1986), pp. 55–65.

以及

R. J. ANDERSON, L. LOVÁSZ, P. SHOR, J. SPENCER, E. TARDOS, S. WINO-GRAD, *Disks, balls and walls: Analysis of a Combinatorial game*, Amer. Math. Monthly, 96 (1989), pp. 481–493.

大偏差结果在《概率方法》(*The Probabilistic Method*) 的附录中给出, 在前言中引用.

第 5 讲　差异 I

遗传和线性差异(Hereditary and linear discrepancy). 我们回顾一下集族 $\mathscr{A} \subseteq 2^{\Omega}$ 的差异的定义

$$\mathrm{disc}(\mathscr{A}) = \min_{\chi} \max_{A \in \mathscr{A}} |\chi(A)|,$$

其中 $\chi : \Omega \to \{-1, +1\}$ 遍历所有的 "2-染色" 并且 $\chi(A) = \sum_{a \in A} \chi(a)$. 对于 $X \subset \Omega$, 令 $\mathscr{A}|_X$ 表示 $\mathscr{A}$ 在 X 上的限制且它是由集合 $A \cap X, A \in \mathscr{A}$ 构成的集族. 我们定义遗传差异

$$\mathrm{herdisc}(\mathscr{A}) = \max_{X \subset \Omega} \mathrm{disc}(\mathscr{A}|_X).$$

方便起见令 $\Omega = \{1, \cdots, n\}$. 我们定义线性差异

$$\mathrm{lindisc}(\mathscr{A}) = \max_{p_1, \cdots, p_n \in [0,1]} \min_{\varepsilon_1, \cdots, \varepsilon_n \in \{0,1\}} \max_{A \in \mathscr{A}} \left| \sum_{i \in A} (\varepsilon_i - p_i) \right|.$$

我们将 $p_1, \cdots, p_n$ 视作 "初始值", 将 $\varepsilon_1, \cdots, \varepsilon_n$ 看为 "联合逼近". 则 $E_A = \sum_{i \in A} (\varepsilon_i - p_i)$ 表示关于集合 A 的近似误差. 在这种情况下, $\mathrm{lindisc}(\mathscr{A}) \leqslant K$ 意味着给定任何初始值都存在一个联合逼近, 使得对于所有的 $A \in \mathscr{A}$ 有 $|E_A| \leqslant K$. 当所有的 $p_i = \frac{1}{2}$ 时可能的 "误差" $\varepsilon_i - p_i = \pm\frac{1}{2}$ 并且这个问题就归约成差异. 因此

$$\mathrm{lindisc}(\mathscr{A}) \geqslant \frac{1}{2} \mathrm{disc}(\mathscr{A}).$$

但 lindisc 的上界要强得多. 例如, $\mathrm{lindisc}(\mathscr{A}) \leqslant K$ 暗示着, 取所有的 $p_i = \frac{1}{3}$, 存在一个集合 $S = \{i : \varepsilon_i = 1\}$ 使得对所有的 $A \in \mathscr{A}$,

$$E_A = |A \cap S| - |A|/3$$

满足 $|E_A| \leqslant K$. 最后我们定义遗传线性差异

$$\mathrm{herlindisc}(\mathscr{A}) = \max_{X \subseteq \Omega} \mathrm{lindisc}(\mathscr{A}|_X).$$

例子. (1) 令 $\Omega = [n]$ 并且 $\mathscr{A}$ 是由所有的单点集和 $[n]$ 自身构成的集族, 则 $\mathrm{disc}(\mathscr{A}) = 1$, 因为我们可以给一半的点染 "红色"$(= +1)$, 给另一半染 "蓝色"$(= -1)$. 并且 $\mathrm{herdisc}(\mathscr{A}) = 1$, 这是因为对于所有的 $X \subset \Omega$, $\mathscr{A}|_X$ 和 $\mathscr{A}$ 有一样的形式. 当所有的 $p_i = \frac{1}{2}$ 时, 我们可以令一半的 $\varepsilon_i = +1$, 一半为 0, 从而 $|E_A| \leqslant \frac{1}{2}$. 但是这些并不是 "最差" 的初始值. 设所有的 $p_i = 1/(n+1)$. 如果任意的 $\varepsilon_i = +1$, 则 $E_{\{i\}} = n/(n+1)$, 然而如果所有的 $\varepsilon_i = 0$, 则 $E_\Omega = -n/(n+1)$. 因此 $\mathrm{lindisc}(\mathscr{A}) \geqslant n/(n+1)$ 并且事实上等式成立 (留作练习).

(2) 令 $\Omega = [2n]$, n 为偶数, 并令 $\mathscr{A}$ 是由满足 $S \subset \Omega$ 且 $|S \cap \{1, \cdots, n\}| = |S|/2$ 的集合构成的集族. 则通过对 $\{1, 2, \cdots, n\}$ 中的点染 "红色"$(= +1)$ 和 $\{n+1, n+2, \cdots, 2n\}$ 中的点染 "蓝色"$(= -1)$, 可得 $\mathrm{disc}(\mathscr{A}) = 0$. 令 $X = \{1, \cdots, n\}$ 使得 $\mathscr{A}|_X = 2^X$, 则 $\mathrm{disc}(\mathscr{A}|_X) = n/2$. 因此

$$\mathrm{herdisc}(\mathscr{A}) \geqslant \mathrm{disc}(\mathscr{A}|_X) = n/2.$$

$\mathrm{lindisc}(\mathscr{A})$ 的下界可以通过令 $p_i = \frac{1}{2}, 1 \leqslant i \leqslant n$ 和 $p_i = 0, n+1 \leqslant i \leqslant 2n$ 得到. 令 $\varepsilon_1, \cdots, \varepsilon_{2n} \in \{0, 1\}$. 我们断言对于某些 $A \in \mathscr{A}$ 有 $|E_A| \geqslant n/4$. 基本上, 我们可以令 A 是由前 $n/2$ 个相等的 ε_i 的指标和后 $n/2$ 个相等的 ε_i 的指标组成的.

$\mathrm{herdisc}(\mathscr{A})$ 和 $\mathrm{lindisc}(\mathscr{A})$ 的精确值是一个有趣的问题. 我觉得 $\mathrm{disc}(\mathscr{A})$ 可能 "偶然" 地比较小, 而 $\mathrm{herdisc}(\mathscr{A})$ 和 $\mathrm{lindisc}(\mathscr{A})$ 赋予集族 $\mathscr{A}$ 更多的内在属性. 比如, 一个图 G 可能 "偶然" 地有 $\omega(G) = \chi(G)$, 但是如果对于图 G 的所有子图 H 有 $\omega(H) = \chi(H)$, 则 G 是完美图.

(3) 令 $\Omega = [n]$, $\mathscr{A}$ 是由所有的区间 $[i, j], 1 \leqslant i \leqslant j \leqslant n$ 组成的. 现在 $\mathrm{disc}(A) \leqslant 1$, 这是因为对 $i \in [n]$ 我们可以通过令 $\varepsilon_i = (-1)^i$ 来交替地染 $[n]$. 对任意的 $X \subset \Omega$, 如果 X 有元素 $x_1 < x_2 < \cdots < x_S$, 令 $\varepsilon_{x_i} = (-1)^i$.

$R\,B\,R\,B\,R\,B\,R\,B$ 对 $[8]$ 染色

$1\ 2\ 3\ 4\ 5\ 6\ 7\ 8$

$R\,B\quad R\quad\ B\quad\ R$ 对 $1, 2, 4, 6, 8$ 染色

$\mathscr{A}|_X$ 和 $\mathscr{A}$ 有相同的形式且 $\mathrm{disc}(\mathscr{A}|_X) = 1$. 因此 $\mathrm{herdisc}(\mathscr{A}) = 1$. 那么 $\mathrm{lindisc}(\mathscr{A})$ 的值呢? 显然 $\mathrm{lindisc}(\mathscr{A}) \geqslant n/(n+1)$, 因为 $\mathscr{A}$ 包含例子 (1) 的集合. 以下是 László Lovász 展示给我的一个精彩的结论, 它证明了相等.

定理 5.1 对于所有的 $p_1, \cdots, p_n \in [0,1]$, 存在 $\varepsilon_1, \cdots, \varepsilon_n \in \{0,1\}$ 使得对于所有的 $1 \leqslant i < j \leqslant n$ 有

$$\left| \sum_{k=i}^{j} \varepsilon_k - p_k \right| \leqslant n/(n+1).$$

我们概述一下论点. 设 $q_0 = 0, q_i = p_1 + \cdots + p_i$. 考虑到 $q_i \in R/Z$, 对任意的 α, 如果区间 $(q_{i-1}, q_i]$ 包含 α, 我们定义 ε_i 为 1, 否则为 0. 则 $p_i + \cdots + p_j$ 是从 q_{i-1} 到 q_j 的"旅行距离", $\varepsilon_i + \cdots + \varepsilon_j$ 是 α 被通过的次数, 所以这些数字最多相差 1. 点 $q_0, \cdots, q_n$ 将 R/Z 分割成 $n+1$ 个区间, 使得有一个区间的长度至少为 $1/(n+1)$. 当选择 α 使得 $(\alpha - 1/(n+1), \alpha)$ 不包含任意的 q_i 时获得精确的结果.

矩阵形式. 我们可以通过定义 $m \times n$ 的矩阵 H 来扩展差异的概念:

$$\mathrm{disc}(H) = \min_{x \in \{-1,+1\}^n} |Hx|_\infty,$$

$\mathrm{herdisc}(H) = \max \mathrm{disc}(H')$, H' 是由 H 的列向量的子集构成的矩阵,

$$\mathrm{lindisc}(H) = \max_{p \in [0,1]^n} \max_{x \in \{0,1\}^n} |H(p-x)|_\infty.$$

当 H 为集族 $\mathscr{A}$ 的关联矩阵时, 这些定义简化为前面给出的定义. 我们证明的关于集族的所有结果同样适用于所有分量在 $[-1, +1]$ 的矩阵. 究竟是事实总是如此, 还是集族有一些特殊的性质, 仍然是一个难以捉摸的谜.

用线性代数归约. 当 $\mathscr{A}$ 中的点多于集合时, 我们可以通过线性代数来"减少"点的数量. 令

$$S^{n,k} = \{(x_1, \cdots, x_n) \in [0,1]^n : \text{对于除了至多 } k \text{ 个 } i \text{ 之外所有的 } x_i = 0 \text{ 或 } 1\}$$

表示 $[0,1]^n$ 的"k 维骨架".

定理 5.2 令 H 是一个 $m \times n$ 的矩阵 $(m < n)$, $p = (p_1, \cdots, p_n) \in [0,1]^n$. 则存在 $x \in S^{n,m}$ 使得 $Hx = Hp$.

证明 如果 $p \in S^{n,m}$, 令 $x = p$. 否则, 可以把 $Hx = Hp$ 看作一个由变量 x_i 组成的方程组, 其中, 如果 $p_i = 0$ 或 1, 则把 $x_i = p_i$ 看作一个常数. 因为变量比方程多, 所以有一系列的解 $x = p + \lambda y$. (这个 y 可以通过标准线性代数技巧在多项式时间内找到.) 设 λ 是使得对于某个 i 满足 $p_i \neq 0, 1$ 时有 $x_i = p_i + \lambda y_i = 0$ 或者 1 的最小的正实数. (理论上, 我们沿着超平面 $Hx = Hp$ 的直线移动, 直到我们到达边界.) 对于这个 λ, $Hx = Hp$, $x \in [0,1]^n$ 且 x 至少比 p 多一个系数 0 或 1. 现在用 x 替换 p, 重复这个过程. 在最多 $n - m$ 次迭代中, 我们找到满足 $Hx = Hp$ 且 $x \in S^{n,m}$ 的 x. ■

我们也可以从拓扑的角度考虑, $W = \{x \in R^n : Hx = Hp\}$ 是一个余维数最多为 m, 包含 $[0,1]^n$ 中一个点的仿射空间; W 是无法与 $S^{n,m}$ 的骨架不相交的. 例如, 在三维空间中, 一条直线必须与 $[0,1]^3$ 的某个面相交, 一个平面必须与某些边相交.

定理 5.3 令 $\mathscr{A} \subseteq 2^\Omega$ 满足 $|\mathscr{A}| = m$, $|\Omega| = n$. 假设对于所有的至多包含 m 个元素的 $X \subset \Omega$, $\mathrm{lindisc}(\mathscr{A}|_X) \leqslant K$, 则 $\mathrm{lindisc}(\mathscr{A}) \leqslant K$.

证明 令 H 是 $\mathscr{A}$ 的关联矩阵并令 $p = (p_1, \cdots, p_n) \in [0,1]^n$ 是给定的. 则上面的步骤给出 $x = (x_1, x_2, \cdots, x_n) \in S^{n,m}$ 满足 $Hx = Hp$. 即

$$0 = \sum_{i \in A}(x_i - p_i), \quad \text{对所有的} A \in \mathscr{A}.$$

令 $X = \{i : x_i \neq 0, 1\}$. 由定义对于 $i \in X$ 存在 $y_i = 0, 1$ 使得

$$\left| \sum_{i \in A}(y_i - x_i) \right| \leqslant \mathrm{lindisc}(\mathscr{A}|_X) \leqslant K, \quad \text{对所有的} A \in \mathscr{A}.$$

对于 $i \notin X$ 设 $y_i = x_i$. 则对所有的 $A \in \mathscr{A}$,

$$\left| \sum_{i \in A}(y_i - p_i) \right| = \left| \sum_{i \in A}(y_i - x_i) + \sum_{i \in A}(x_i - p_i) \right|$$

$$= \left| \sum_{i \in A}(y_i - x_i) \right| \leqslant \mathrm{lindisc}(\mathscr{A}|_X) \leqslant K.$$

因此 $\mathrm{lindisc}(\mathscr{A}) \leqslant K$. ■

归约到近似 $\frac{1}{2}$. 下一个结果把线性差异问题——近似任意的 $p_1, \cdots, p_n$ 归约成所有的 $p_i = \frac{1}{2}$ 的情形.

定理5.4 $\mathrm{lindisc}(\mathscr{A}) \leqslant \mathrm{herdisc}(\mathscr{A})$.

证明 令 $K = \mathrm{herdisc}(\mathscr{A})$ 并固定初始值 $p_1, \cdots, p_n$. 假设所有的 p_i 有有限的二进制表示并令 T 是使得所有的 $p_i 2^T$ 为整数的最小整数. 令 X 是由使得 p_i 的第 T 位为 1 的 i 构成的集合. 因为 $\mathrm{disc}(\mathscr{A}|_X) \leqslant \mathrm{herdisc}(\mathscr{A}) = K$, 所以存在 $\varepsilon_i = \pm 1, i \in X$ 使得

$$\left| \sum_{i \in A \cap X} \varepsilon_i \right| \leqslant K, \ A \in \mathscr{A}.$$

我们通过下面的定义将 p_i 四舍五入到新值 p_i':

$$p_i' = \begin{cases} p_i, & \text{如果} i \notin X, \\ p_i + 2^{-T} \varepsilon_i, & \text{如果} i \in X. \end{cases}$$

对任意的 $A \in \mathscr{A}$, 我们创造了一个"误差":

$$\left| \sum_{i \in A} (p_i' - p_i) \right| = 2^{-T} \left| \sum_{i \in A \cap X} \varepsilon_i \right| \leqslant 2^{-T} K$$

并且新的 p_i' 的二进制表示的长度至多为 $T - 1$. 迭代此过程 T 次直到所有的值为 0 或 1. 令 $p_i^{(s)}$ 表示在这个步骤中二进制表示长度至多为 s 时的值. 则 $p_i^{(T)}$ 就是初始的 p_i, $p_i^{(0)}$ 为最终的 0 或 1 且

$$\left| \sum_{i \in A} p_i^{(0)} - p_i^{(T)} \right| \leqslant \sum_{s=1}^{T} \left| \sum_{i \in A} p_i^{(s-1)} - p_i^{(s)} \right|$$

$$\leqslant \sum_{s=1}^{T} 2^{-s} K$$

$$\leqslant \sum_{s=1}^{\infty} 2^{-s} K = K.$$

这正是想要证明的结果. ∎

"等一下!"评论家叫道. "如果 p_i 不都是有限的二进制表示呢?"答案取决于个人的取向. 数学家回答说: "利用紧性."计算机科学家说这个问题是没有意义的——所有的数字都有有限的二进制表示.

推论5.1　令 $|\mathscr{A}| = m \leqslant n = |\Omega|$ 并且假设对所有的至多有 m 个点的 $Y \subset \Omega$ 都有 $\mathrm{disc}(\mathscr{A}|_Y) \leqslant K$. 则 $\mathrm{disc}(\mathscr{A}) \leqslant 2K$.

证明

$$\mathrm{disc}(\mathscr{A}) \leqslant 2\,\mathrm{lindisc}(\mathscr{A})$$
$$\leqslant 2 \max_{|X| \leqslant m} \mathrm{lindisc}(\mathscr{A}|_X)$$
$$\leqslant 2 \max_{|X| \leqslant m} \mathrm{herdisc}(\mathscr{A}|_X)$$
$$\leqslant 2 \max_{|Y| \leqslant m} \mathrm{disc}(\mathscr{A}|_Y) \leqslant 2K. \qquad \blacksquare$$

通常, 关于差异的定理实际上是关于遗传差异的定理. 这个推论可以简化为 "集合 = 点" 的情况. 例如, 在第 4 讲中, 我们证明了在 n 个点上的任何 n 个集合构成的集族的差异最多为 $[2n \ln(2n)]^{1/2}$.

推论5.2　如果 $\mathscr{A}$ 由 n 个任意大小的集合组成, 则

$$\mathrm{disc}(\mathscr{A}) \leqslant 2[2n \ln(2n)]^{1/2}.$$

直接的概率方法不能推出这个结果. 如果一个集合的大小是 x, 那么随机染色给出的差异是 $x^{1/2}$, 可以任意大. 将线性代数与概率方法相结合是非常强大的. 注意, 所有的步骤都是基于算法的. 有一个多项式 (关于 m, n) 时间的算法给出所需的染色.

公开问题. 如果 $|\Omega| = n$, 则使得

$$\mathrm{lindisc}(\mathscr{A}) \leqslant (1 - c_n)\mathrm{herdisc}(\mathscr{A})$$

的最大的 c_n 是多少?

为了证明 $c_n > 0$, 把 $\mathrm{lindisc}(\mathscr{A}) \leqslant \mathrm{herdisc}(\mathscr{A})$ 的证明看作一个算法并设 X_s 是使 $p_i^{(s)}$ 的第 s 位二进制数字为 1 的 i 的集合. 因为每一个 $X_s \subset [n]$, 所以在某个时刻 X_s 必须重复. 这允许改进. 特别地, 必须有 $1 \leqslant s < t \leqslant 2^n + 1$ 满足 $X_s = X_t$. 我们在 "s" 阶段对算法进行了修改, 并设

$$p_i^{(s-1)} = p_i^{(s)} - 2^{-s}\varepsilon_i, \ i \in X_s,$$

其他的保持不变. 对任意的 $A \in \mathscr{A}$,

$$\sum_{i \in A} (p_i^{(s-1)} - p_i^{(s)}) = -2^{-s} \sum_{i \in A \cap X_s} \varepsilon_i,$$

$$\sum_{i \in A} (p_i^{(t-1)} - p_i^{(t)}) = +2^{-t} \sum_{i \in A \cap X_t} \varepsilon_i.$$

这两个"误差"有相反的符号, 并在某种程度上相互抵消.

$$\left| \sum_{i \in A} p_i^{(0)} - p_i^{(T)} \right| \leqslant \sum_{\substack{u=1 \\ u \neq s,t}}^{T} \left| \sum_{i \in A} p_i^{(u-1)} - p_i^{(u)} \right| + \left| \sum_{i \in A} p_i^{(s-1)} - p_i^{(s)} + p_i^{(t-1)} - p_i^{(t)} \right|$$

$$\leqslant K \sum_{u \neq s,t} 2^{-u} + K(2^{-s} - 2^{-t}) \leqslant K(1 - 2^{-t+1}).$$

当 $t \leqslant 2^n + 1$ 时, 我们证明了 $c_n \geqslant 2^{-2^n}$. 这个结果可能是极其弱的, 因为例子 (1) 给出了我们已知的 c_n 的最佳上界: $c_n \leqslant 1/(n+1)$. 显然还有改进的空间!

同时舍入. 给定数据 $a_{ij}, 1 \leqslant i \leqslant m, 1 \leqslant j \leqslant n$, 满足所有的 $a_{ij} \in [-1, +1]$. 给定初始值 $x_j, 1 \leqslant j \leqslant n$. 我们寻找同时进行四舍五入的 y_j, 每个 y_j 是 x_j 的"上取整"或"下取整". 让 E_i 为"误差"

$$E_i = \sum_{j=1}^{n} a_{ij} x_j - \sum_{j=1}^{n} a_{ij} y_j$$

并且令 E 表示最大的误差, $E = \max |E_i|$. 我们希望 E 很小.

当然, 我们可以立即归约为 $x_j \in [0, 1]$ 的情况. 上述方法给出了一种快速地寻找满足 $E \leqslant [2m \ln(2m)]^{1/2}$ 的同时进行取整的算法.

三置换猜想. 我相信是 Jozsef Beck首先提出了下面这个美丽的猜想.

三置换猜想. 令 $\sigma_1, \sigma_2, \sigma_3$ 是 $[n]$ 上的三个置换. 则存在 2-染色 $\chi: [n] \to \{-1, +1\}$ 使得对所有的 $i = 1, 2, 3$ 以及所有的 $t, 1 \leqslant t \leqslant n$ 有

$$\left| \sum_{j=1}^{t} \chi(\sigma_i(j)) \right| \leqslant K.$$

这里 K 是一个与 n 无关的绝对常数.

设 $\mathscr{A}_i$ 由区间 $\{\sigma_i(1),\cdots,\sigma_i(t)\}$ 构成. 三置换猜想则是说 $\mathrm{disc}(\mathscr{A}_1\cup\mathscr{A}_2\cup$ $\mathscr{A}_3)\leqslant K$. 事实上, $\mathrm{herdisc}(\mathscr{A}_1\cup\mathscr{A}_2)\leqslant 1$. 为了方便起见, 假设 n 是偶数, 固定 σ_1,σ_2, 例如

$$\sigma_1 \quad 1-2 \quad 3-4 \quad 5-6 \quad 7-8$$
$$\sigma_2 \quad 3-8 \quad 2-6 \quad 1-5 \quad 4-7.$$

(不失一般性我们可以假设 σ_1 是恒等变换.) 考虑当 $i=1,2$ 且 j 为偶数时, 顶点集为 $[n]$, $\sigma_i(2j-1)$ 与 $\sigma_i(2j)$ 有连边关系的图 G. 每个点的度都是 2, 所以 G 是由一些圈组成的. 圈的边在两个置换之间交替 (见图 5.1), 所以它们一定是偶数. 现在给每个圈交替涂上 $+$ 和 $-$ 颜色:

$$+ \quad - \quad + \quad - \quad - \quad + \quad + \quad -$$
$$1 \quad 2 \quad 3 \quad 4 \quad 5 \quad 6 \quad 7 \quad 8$$
$$3 \quad 8 \quad 2 \quad 6 \quad 1 \quad 5 \quad 4 \quad 7$$
$$+ \quad - \quad - \quad + \quad + \quad - \quad - \quad +$$

每个置换分解成 $+-$ 或 $-+$ 对, 并且没有部分和大于一个.

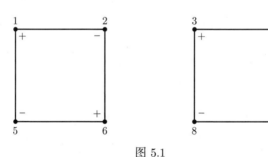

图 5.1

三置换猜想以其简单的陈述令人震惊, 但却完全抵制所有已知的攻击方法. 根据一个众所周知的先例, 我出价 100 美元来解决这个猜想.

凸集. 令 $\Omega=[n]$ 且 $\mathscr{A}\subset 2^{\Omega}$. 下面给出了处理差异的另一种方法, 令

$$U=U_{\mathscr{A}}=\left\{x\in R^n:\left|\sum_{a\in A}x_a\right|\leqslant 1,\text{ 对所有的}A\in\mathscr{A}\right\}.$$

那么 U 是一个凸中心对称体, 差异的概念可以用 U 来描述并且不涉及 $\mathscr{A}$.

在 n-立方体的每个顶点 $x \in \{0,1\}^n$ 处放置 U 的拷贝. 把拷贝放大 t 倍. 则

$$\mathrm{disc}(U) = \min t : \left(\frac{1}{2}, \cdots, \frac{1}{2}\right) 被 tU 覆盖,$$

$$\mathrm{lindisc}(U) = \min t : [0,1]^n 被 tU 覆盖,$$

$$\mathrm{herdisc}(U) = \min t : \left\{0, \frac{1}{2}, 1\right\}^n 被 tU 面覆盖,$$

$$\mathrm{herlindisc}(U) = \min t : [0,1]^n 被 tU 面覆盖.$$

这里我们说 $x = (x_1, \cdots, x_n)$ 被 tU 面覆盖, 如果它位于某个 $tU + y$ 中, 其中 $y = (y_1, \cdots, y_n) \in \{0,1\}^n$ 满足当 $x_i = 0$ 或 1 时 $y_i = x_i$. 也就是说, x 必须被以 x 的极小面上的某个点 y 为中心的 tU 的拷贝所覆盖 (见图 5.2).

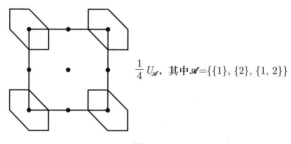

$\frac{1}{4} U_{\mathscr{A}}$, 其中 $\mathscr{A} = \{\{1\}, \{2\}, \{1,2\}\}$

图 5.2

参 考 文 献

这些资料大部分来自:

L. LOVÁSZ, J. SPENCER AND K. VESZTERGOMBI, *Discrepancy of set-systems and matrices*, European J. Combin., 7 (1986), pp. 151–160.

第 6 讲　混乱的秩序

Gale-Berlekamp 切换游戏. 在 AT&T 贝尔实验室三楼办公室的角落里, 放着一款由 Elwyn Berlekamp 于 25 年前设计和制造的游戏. 游戏由一个 8×8 的灯阵列和 16 个开关组成, 每行和每列都有一个开关. 每次开关变化时, 其线路中的每盏灯都会从关变为开或从开变为关. 目标是打开尽可能多的灯. (背面另有 64 个独立的开关, 可以设置任意初始位置, 但使用它们就是作弊!) David Gale首先发明了这个游戏, 称为 Gale-Berlekamp 切换游戏. 在下面的例子中, $+$ 表示开, $-$ 表示关, 最好的结果是通过切换第三和第六列以及第二、三、四行的开关, 留下 48 个灯在开着 (见图 6.1).

$$
\begin{array}{c c c c c c c c}
\smallint & \smallint & \smallint & \smallint & \smallint & \smallint & \smallint & \smallint \\
\end{array}
$$

$\smallint$	$+$	$+$	$+$	$-$	$+$	$+$	$+$	$-$
$\smallint$	$-$	$-$	$+$	$-$	$+$	$+$	$+$	$+$
$\smallint$	$-$	$-$	$+$	$-$	$+$	$+$	$+$	$+$
$\smallint$	$-$	$+$	$+$	$-$	$+$	$+$	$+$	$+$
$\smallint$	$-$	$+$	$+$	$+$	$+$	$-$	$+$	$+$
$\smallint$	$+$	$+$	$-$	$-$	$+$	$+$	$+$	$+$
$\smallint$	$-$	$+$	$-$	$+$	$+$	$+$	$+$	$+$
$\smallint$	$+$	$+$	$+$	$+$	$+$	$-$	$+$	$+$

$\smallint$ 表示开关

图 6.1

初始配置由矩阵 $A = [a_{ij}]$ 给出, 其中如果位置 (i, j) 的灯亮着则 $a_{ij} = 1$; 否则 $a_{ij} = 0$. 简单思考可知拉动开关的顺序无关紧要, 只有哪些开关被拉动才重要. 如果第 i 行开关被拉动, 则设 $x_i = -1$, 否则 $x_i = +1$. 如果第 j 列开关被拉动, 则设 $y_j = -1$, 否则 $y_j = +1$. 在我们拉动开关后, 位置 (i, j) 的灯具有值 $a_{ij} x_i y_j$, 因此 $\sum_{i=1}^{8} \sum_{j=1}^{8} a_{ij} x_i y_j$ 表示的是亮着的灯个数减去熄灭的灯个数. 我们想最大化这个值.

我们将其推广到大小为 n 的方阵 (为方便起见) 并设

$$F(n) = \min_{a_{ij}} \max_{x_i, y_j} \sum_{i=1}^{n} \sum_{j=1}^{n} a_{ij} x_i y_j,$$

其中 i, j 的范围是从 1 到 n, 并且 a_{ij}, x_i, y_j 取自 $\{+1, -1\}$. 第 1 讲的方法很快给出了 $F(n)$ 的上限.

定理6.1 $F_n \leqslant cn^{3/2}$, 其中 $c = 2(\ln 2)^{1/2}$.

证明 随机选择 $a_{ij} = \pm 1$. 对于 x_i, y_j 的任何选择, $a_{ij} x_i y_j$ 是相互独立的, 取 ± 1 的概率相等, 从而 $\sum\limits_{i=1}^{n} \sum\limits_{j=1}^{n} a_{ij} x_i y_j$ 的分布为 S_{n^2}. 当我们检查极端尾部时,

$$\Pr\Big[\sum_{i=1}^{n} \sum_{j=1}^{n} a_{ij} x_i y_j > \lambda\Big] < e^{-\lambda^2/2n^2} = 2^{-2n},$$

其中 $\lambda = cn^{3/2}$. 因为一共有 2^{2n} 种 x_i, y_j 的选择, 所以

$$\Pr\Big[\sum_{i=1}^{n} \sum_{j=1}^{n} a_{ij} x_i y_j > \lambda, 对于某 x_i, y_j\Big] < 2^{2n} 2^{-2n} = 1.$$

因此在概率空间中有一个点, 即一个特定的矩阵 a_{ij}, 使得对所有的 x_i, y_j, 有 ∎

$$\sum_{i=1}^{n} \sum_{j=1}^{n} a_{ij} x_i y_j \leqslant \lambda.$$

我们在本讲中关注的是 $F(n)$ 的下界. 给定 a_{ij}, 我们想要找到 (或证明存在)x_i, y_j 使矩阵 "失衡". 注意 a_{ij} 是任意的. 这并不是说它们是随机的; 事实上, 我们可能会认为 a_{ij} 是被对手以病态的方式选择的. 然而, 我们将使用概率方法来打乱任意 a_{ij}, 以便我们可以将其视为随机 a_{ij}.

扰乱行. 固定 a_{ij}. 随机选取 $y_j = \pm 1$, 令

$$R_i = \sum_{j=1}^{n} a_{ij} y_j$$

表示切换 y_i 后第 i 行的和. 固定 i, 注意到 $(a_{i1} y_1, \cdots, a_{in} y_n)$ 有 2^n 种可能性, 所有的可能性都一样. 无论行的初始值如何, 行上的分布都是均匀的. 因此 R_i 具有分布 S_n. 所以

$$E[|R_i|] = E[|S_n|] \sim cn^{1/2}.$$

其中 $c = \sqrt{2/\pi}$. (我们可以把 S_n 近似为 $n^{1/2}Y$, 其中 Y 服从标准正态分布.) 1974 年的 Putnam 竞赛(问题 A-4) 要求给出 $E[|S_n|]$ 的准确表达式. 答案是

$$E[|S_n|] = n2^{n-1} \binom{n-1}{[(n-1)/2]},$$

我们将其作为练习 (不是那么容易!).

由期望的线性性

$$E\left[\sum_{i=1}^n |R_i|\right] = \sum_{i=1}^n E[|R_i|] \sim cn^{3/2}.$$

注意, R_i 之间的相关性确实取决于原始矩阵. 然而, 期望的线性性忽略了这种相互作用. 因此概率空间中有一个点, 即 $y_1, \cdots, y_n = \pm 1$ 的一种选择, 满足 $\sum |R_i| \geqslant cn^{3/2}$. 最后, 选取 $x_i = \pm 1$ 使得 $x_i R_i = |R_i|$. 则

$$\sum_{i,j} a_{ij} x_i y_j = \sum_i x_i R_i = \sum_i |R_i| \geqslant cn^{3/2}.$$

一个动态算法. 第 4 讲的方法允许我们将上面的结果转换成一个快速算法. 我们依次选择 $y_1, \cdots, y_n$. 假设已经选择了 $y_1, \cdots, y_{j-1}$, 然后我们选择 $y_j = \pm 1$ 使得

$$E\left[\sum_{i=1}^n |R_i| \big| y_1, \cdots, y_{j-1}, y_j\right]$$

最大. 为了计算这个条件期望 (回想一下, 这样的计算是将概率定理转化为动态算法的 "缺陷"), 我们设 $r_i = a_{i1} y_1 + \cdots + a_{ij} y_j$(到目前为止的部分行和), 注意 R_i 有条件分布 $r_i + S_{n-j}$. 则

$$\begin{aligned} E\left[\sum_{i=1}^n |R_i| \big| y_1, \cdots, y_{j-1}, y_j\right] &= \sum_{i=1}^n E[|R_i| \big| y_1, \cdots, y_j] \\ &= \sum_{i=1}^n E[|r_i + S_{n-j}|] \\ &= \sum_{i=1}^n \sum_{t=0}^{n-j} \binom{n-j}{t} 2^{-(n-j)} |r_i + 2t - (n-j)| \end{aligned}$$

可以很容易地计算出来. (但是, 请注意, 我们大量使用了限制 $a_{ij} = \pm 1$.) 使用此算法, 则

$$
E\Big[\sum |R_i|\Big|y_1, \cdots, y_{j-1}, y_j\Big]
$$
$$
= \max\Big[E\Big[\sum |R_i|\Big|y_1, \cdots, y_{j-1}, y_j = +1\Big],
$$
$$
E\Big[\sum |R_i|\Big|y_1, \cdots, y_{j-1}, y_j = -1\Big]\Big]
$$
$$
\geqslant \frac{1}{2}\Big[E\Big[\sum |R_i|\Big|y_1, \cdots, y_{j-1}, y_j = +1\Big]
$$
$$
+ E\Big[\sum |R_i|\Big|y_1, \cdots, y_{j-1}, y_j = -1\Big]\Big]
$$
$$
= \frac{1}{2}E\Big[\sum |R_i|\Big|y_1, \cdots, y_{j-1}\Big].
$$

因为这对所有的 j 都成立, 所以

$$
E\Big[\sum |R_i|\Big|y_1, \cdots, y_n\Big] \geqslant E\Big[\sum |R_i|\Big] \sim cn^{3/2}.
$$

当 $y_1, \cdots, y_n$ 固定时, 条件期望就是这个值. 也就是说, 我们找到了特定的 $y_1, \cdots, y_n$ 满足

$$
\sum |R_i| \geqslant E\Big[\sum |R_i|\Big] \sim cn^{3/2}.
$$

固定满足 $x_i R_i = |R_i|$ 的 x_i, 我们完成这个算法.

一个并行算法. 现在我们概述一个高效的并行算法来求 x_i, y_j 满足

$$
\sum_{i=1}^{n}\sum_{j=1}^{n} a_{ij} x_i y_j \geqslant n^{3/2}/\sqrt{3}.
$$

注意, 这比上面得到的 $n^{3/2}\sqrt{2/\pi}$ 弱一些.

引理6.2 设 $Y_1, \cdots, Y_n = \pm 1$ 为 4-次 (4-wise) 独立的随机变量, 取 ± 1 的概率均为 0.5. 设 $R = Y_1 + \cdots + Y_n$, 则

$$
E[|R|] \geqslant \sqrt{\frac{n}{3}}.
$$

这是 Bonnie Berger得到的结论. 我们计算

$$E[R^2] = \sum E[Y_i Y_j] = \sum_i E[Y_i^2] = n.$$

$$E[R^4] = \sum E[Y_i Y_j Y_k Y_\ell] = \sum_i E[Y_i^4] + \sum_{i<j} 6E[Y_i^2 Y_j^2] = 3n^2 - 2n \leqslant 3n^2.$$

例如, 我们在这里使用, 对于不同的 i, j, k, ℓ, 乘积 $Y_i Y_j Y_k Y_\ell$ 的期望是期望的乘积 (由 4-次独立), 它为零. 对于所有 x 简单计算得到

$$|x| \geqslant \frac{\sqrt{3}}{2\sqrt{n}} \left(x^2 - \frac{x^4}{9n} \right),$$

于是

$$E[\|R\|] \geqslant \frac{\sqrt{3}}{2\sqrt{n}} \left[E[R^2] - \frac{E[R^4]}{9n} \right] \geqslant \frac{\sqrt{3}}{2\sqrt{n}} \left[n - \frac{3n^2}{9n} \right] = \sqrt{n/3}.$$

虽然很难计算出精确的常数, 但注意到 4-次独立这个条件是"接近"完全独立的, 因此应该期望 R "接近" n 个独立的 Y_i 的总和, 使得 $E[\|R\|]$ 应该接近 $\sqrt{2n/\pi}$.

注意到同样的结果对于 $R_i = a_{i1}Y_1 + \cdots + a_{in}Y_n$(其中 $a_{ij} = \pm 1$) 也成立, 这是因为如果 $a_{ij} = -1$ 则只需要简单地用 $-Y_i$ 来替换 Y_i. 因此如果 $y_1, \cdots, y_n = \pm 1$ 是从任意的 4-次独立分布中选取的, 则选择满足 $x_i R_i = |R_i|$ 的 x_i, 我们将有, 如前所述,

$$E[R] = nE[\|R_1\|] \geqslant \frac{n^{3/2}}{\sqrt{3}}.$$

我们使用关于小样本空间的事实. 有一个大小为 $O(n^4)$ 的集合 $\Omega \subset \{1, -1\}^n$, 具有以下属性: 对任意的 $1 \leqslant i \leqslant n$, 设 Y_i 是 Ω 中均匀地选出的元素的第 i 个坐标, 那么 $E[Y_i] = 0$ 并且 $Y_1, \cdots, Y_n$ 是 4-次独立的.

现在我们可以描述并行算法了. 我们有 $O(n^4)$ 个处理器库, 每个库对应一个特定的 $(Y_1, \cdots, Y_n) \in \Omega$. 对于每个这样的向量值, 我们计算 R_i, x_i 和最终的 R. 我们选择给出最大 R 的向量 (及其对应的 x_i). 由于 R 在样本空间上的平均值至少是 $n^{3/2}/\sqrt{3}$, 所以我们得到的 R 至少会那么大.

边差异. 如第 1 讲, 令 $g(n)$ 是最小的整数, 使得如果 K_n 是红蓝染色的, 则存在一个顶点集 S, 满足在 S 中红色边的数量与蓝色边的数量相差至少 $g(n)$. 在第 1 讲中, 我们通过基本概率方法证明了 $g(n) \leqslant cn^{3/2}$. 现在我们给出一个下界, 本质上是 Gale-Berlekamp 切换游戏结果的推论.

定理6.3 $g(n) > c'n^{3/2}$.

证明 方便起见, 考虑 $2n$ 个点 $T \cup B$, 其中 $T = \{T_1, \cdots, T_n\}$, $B = \{B_1, \cdots, B_n\}$, 并用值 ± 1 固定一个边染色 χ. 在二部图 $T \times B$ 上, 我们关联一个 $n \times n$ 矩阵 $a_{ij} = \chi(T_i, B_j)$. 固定满足 $\sum a_{ij} x_i y_j > cn^{3/2}$ 的 $x_i, y_j = \pm 1$. 设 T^+, T^- 分别表示对应 $x_i = +1, -1$ 的 T, B^+, B^- 分别表示对应 $y_j = +1, -1$ 的 B. 则

$$cn^{3/2} < \sum a_{ij} x_i y_j = \chi(T^+, B^+) - \chi(T^+, B^-) - \chi(T^-, B^+) + \chi(T^-, B^-).$$

(这里 $\chi(X, Y) = \sum \chi(x, y)$, 对所有的 $x \in X, y \in Y$ 求和!) 四个加数中的一个必须比较大, 于是存在 $T^* = T^+$ 或 T^- 且 $B^* = B^+$ 或 B^- 使得:

$$|\chi(T^*, B^*)| > cn^{3/2}/4.$$

为了将二部图的差异转化为完全图的差异, 我们使用等式

$$\chi(T^* \cup B^*) = \chi(T^*) + \chi(B^*) + \chi(T^*, B^*).$$

(这里 $\chi(X) = \sum \chi(x_1, x_2)$, 对所有的 $\{x_1, x_2\} \subset X$ 求和.) 对于 $S = T^*, B^*$ 或者 $T^* \cup B^*$, 我们有

$$g(2n) \geqslant |\chi(S)| > cn^{3/2}/12. \qquad \blacksquare$$

此外, 给定 χ, 我们的方法提供了一种快速算法来找到具有这种差异的 S.

竞赛图排序. 使用第 1 讲和第 2 讲的符号, 我们现在证明 $F(n) > cn^{3/2}$. 也就是说, 对于有 n 个玩家的任何竞赛图 T, 都存在一个排序 σ, 使得

$$\#[\text{非颠倒对}] - \#[\text{颠倒对}] > cn^{3/2}.$$

为方便起见, 假设有 $2n$ 个玩家 $T \cup B$, $T = \{T_1, \cdots, T_n\}$, $B = \{B_1, \cdots, B_n\}$, 并定义一个 $n \times n$ 矩阵

$$a_{ij} = \begin{cases} +1, & \text{如果 } T_i \text{ 击败 } B_j, \\ -1, & \text{如果 } B_j \text{ 击败 } T_i. \end{cases}$$

和之前一样, 我们寻找满足 $\sum a_{ij} x_i y_j > cn^{3/2}$ 的 $x_i, y_j = \pm 1$. 定义 T^+, T^-, B^+, B^- 使得对于某 T^*, B^* 有

$$\left| \sum_{i \in T^*} \sum_{j \in B^*} a_{ij} x_i y_j \right| > cn^{3/2}.$$

假设总和为正 (否则反转 T 和 B). 令 $R = (T \cup B) - (T^* \cup B^*)$, 表示"其余"的玩家. 在内部对 T^*, B^*, R 进行排序, 以便在每个集合上 #[非颠倒对] $\geqslant$ #[颠倒对]. 对 $R < T^* \cup B^*$ 或 $R > T^* \cup B^*$ 排序, 以便在 R 和 $T^* \cup B^*$ 之间的游戏中, 非颠倒对的数目超过颠倒对数目. 排序 $T^* < B^*$. 在 T^* 和 B^* 之间的游戏中,

$$\#[\text{非颠倒对}] - \#[\text{颠倒对}] = \sum_{i \in T^*} \sum_{j \in B^*} a_{ij} > cn^{3/2}.$$

对所有的游戏求和, 有

$$\#[\text{非颠倒对}] - \#[\text{颠倒对}] \geqslant cn^{3/2} + 0 + 0 + 0 + 0 = cn^{3/2}.$$

再次观察, 我们有一个多项式时间算法来找到这个"好"的排列.

参 考 文 献

Gale-Berlekamp 切换游戏、竞赛图排序和边差异 (推广到 k-graphs) 分别由以下给出:

T. BROWN AND J. SPENCER, *Minimization of ±1 matrices under line shifts*, Colloq. Math. (Poland), 23 (1971), pp. 165–171.

J. SPENCER, *Optimal ranking of tournaments*, Networks, 1 (1972), pp. 135–138.

P. ERDŐS AND J. SPENCER, *Imbalances in k-colorations*, Networks, 1 (1972), pp. 379–385.

奇怪的是, 当时并没有认识到切换游戏与其他问题之间的联系. 有效的算法是新的算法. 竞赛图论文是我的第一个 "真正的" 定理 (出版有点延迟), 同时还介绍了概率方法, 与 Paul Erdős 的第一次会面, 以及我论文的核心. 很高兴借助一个新鲜的算法观点回到这个问题.

《概率方法》(*The Probabilistic Method*) (在序言中引用) 的第 15 章是关于小样本空间和并行算法的众多来源之一.

第 7 讲 随机图 II

团数集中 (Clique number concentration). 令 G 是有 n 个点的随机图, 每条边出现的概率为 $p = \frac{1}{2}$. 我们研究团数 $\omega(G)$. 不难证明 $\omega(G) \sim 2\lg n$. 实际上 $\omega(G) < 2\lg n$ 在第 1 讲中寻找 Ramsey 数 $R(k,k)$ 的基本下界时已经被证明了. 下界涉及二阶矩法. 惊喜的是这个结果是紧的.

定理7.1 存在 $k = k(n)$ 使得

$$\lim_n \Pr[\omega(G) = k \text{ 或 } k+1] = 1.$$

此外, $k(n) \sim 2\lg n$.

证明 给定 n, 令 $X^{(k)}$ 表示 G 中大小为 k 的团的数目, 并且令 $f(k) = E[X^{(k)}]$, 于是

$$f(k) = \binom{n}{k} 2^{-\binom{n}{k}}.$$

简单计算表明 $f(k)$ 增加直到 $k \sim \lg n$, 然后减少. 设 k_0 是 $f(k)$ 小于 1 的第一个值, 即

$$f(k_0 - 1) \geqslant 1 > f(k_0),$$

则 $k_0 \sim 2\lg n$(第 1 讲) 并且 f 在这个范围内非常陡峭. 对于 $k \sim 2\lg n$,

$$f(k+1)/f(k) \sim (n/k)2^{-k} \leqslant 1/n.$$

因此如果我们证明 $f(k) \ll 1$, 则 G 不会包含一个大小为 k 的团, 但是如果 $f(k) \gg 1$, 则 G 包含一个大小为 k 的团. 这个证明的一部分很简单. 因为"对数导数"是如此陡峭

$$f(k_0 + 1) < f(k_0)/n \ll 1,$$

所以

$$\Pr[\omega(G) \geqslant k_0 + 1] = \Pr[X^{(k_0+1)} \neq 0]$$
$$\leqslant E[X^{(k_0+1)}] = f(k_0 + 1) \ll 1.$$

现在令 $k = k_0 - 2$(方便起见, $X = X^{(k)}$), 于是

$$E[X] = f(k) > f(k+1)n \gg 1.$$

我们应用二阶矩法和第 3 讲的符号. 记 $X = \sum X_S$, 其中求和范围取遍 $[n]$ 的所有 k 元子集, X_S 是事件"S 是一个团"的指标随机变量. 令

$$m = \binom{n}{k} = S\text{的数目}, \quad \mu = 2^{-\binom{k}{2}} = E[X_S].$$

如果 $|S \cap T| = i$, 则

$$E[X_T | X_S = 1] = E[X_T]2^{\binom{i}{2}}.$$

已知 $X_S = 1$ 把 $\binom{i}{2}$ 条"自由"边放入 T.

$$f(S, T) = \frac{E[X_T | X_S = 1]}{E[X_T]} - 1 = 2^{\binom{i}{2}} - 1.$$

固定 S 并且令 $f(T) = f(S, T)$. 我们必须证明

$$E_T(f(T)) = o(1). \tag{7.1}$$

按照 $i = |S \cap T|$ 对 T 进行分拆, 我们有

$$E_T(f(T)) = \sum_{i=0}^{k} g(i),$$

其中

$$g(i) = \Pr[|S \cap T| = i](2^{\binom{i}{2}} - 1).$$

对于 $i = 0$ 或 1, $g(i) = 0$. 对于其他的 i, 我们忽略 "-1". 当 $i = k$ 时, $g(k) < 1/E(X) = o(1)$. (回想一下, 这总是会发生的.) 对于 $i \leqslant k/2$, 我们粗略地界定 $g(i) < k^i(k/n)^i 2^{i^2/2} = [k^2 2^{i/2}/n]^i \ll 1$. (这个界实际上可以到达 $i < k(1 - \varepsilon)$.) 对于 $j \leqslant k/2$ 计算得到

$$g(k-j) < k^j n^j 2^{\binom{k-j}{2} - \binom{k}{2}} g(k)$$
$$< (kn)^j 2^{-jk} 2^{j(j+1)/2}$$
$$= [kn2^{(j+1)/2} 2^{-k}]^j \ll 1.$$

每个 $g(i)$ 都很小; 只要适量的技术处理, 它的和是很小的, 适用二阶矩法并且

$$\Pr[\omega(G) < k] = \Pr[X = 0] \ll 1.$$

$\omega(G)$ 几乎总是 $k_0 - 2$, $k_0 - 1$ 或 k_0. 让我们排除其中一种可能性. 因为 $f(k_0)/f(k_0 - 1) \ll 1$, 所以或者 $f(k_0) \ll 1$ 或者 $f(k_0 - 1) \gg 1$. 在第一种情况下几乎总是 $\omega(G) < k_0$, 所以 $\omega(G) = k_0 - 2$ 或 $k_0 - 1$. 在第二种情况下几乎总是 $\omega(G) \geqslant k_0 - 1$, 所以 $\omega(G) = k_0 - 1$ 或 k_0. 实际上, 对于"大多数" n, 函数 $f(k)$ 跳过 $f(k_0) \ll 1$ 和 $f(k_0 - 1) \gg 1$ 中的一个. 对于这些 n, 团数 $\omega(G)$ 几乎肯定是 $k_0 - 1$. ∎

色数. 再一次令 G 是有 n 个点的随机图, 并且每条边出现的概率为 $\frac{1}{2}$. 则 $\overline{G}$ 有相同的分布, 所以几乎总是有 $\omega(\overline{G}) \sim 2\lg n$ 并且

$$\chi(G) \geqslant n/\omega(\overline{G}) \sim n/(2\lg n).$$

G 的色数的上界是多少呢? 以下是一个简单的算法: 依次选择点 $P_1, P_2, \cdots$, 其中 $P_1 = 1$ 并且 P_i 是与 $P_1, \cdots, P_{i-1}$ 独立的最小点. 不难证明这样选择了一个大小大致为 $\lg n$ 的独立集. (大约每个选择的点都会消除可用点数的一半.) 将这些点染色为"1", 将它们扔掉并迭代. 该算法分析的核心是剩余的图 G' 具有随机图的分布. 为了看到这一点, 假设初始图是"隐藏的". 我们选择 $P_1 = 1$ 然后"暴露"所有边 P_1Q. 然后我们选择 P_2 并暴露 P_2Q, 等等. 当过程以 $P_1, P_2, \cdots$ 终止时, G' 中的边都还没有暴露; 因此它们仍然可以被认为是随机的.

在该过程被迭代时, 当剩余 m 个点时, 会发现一个大小为 $\lg m$ 的独立集. 因此, 对于整个图, 渐近地需要 $n/(\lg n)$ 种颜色. 即

$$n/(2\lg n) < \chi(G) < n/(\lg n).$$

根据杜兰戈讲座, Béla Bollobás已经表明下界是渐近正确的. 附录 A 中给出了证明.

注意以下方法不起作用: 取一组大小为 $2\lg n$ 的独立集, 将它染为"1"色, 将其删除, 然后进行迭代. 问题是剩余的 G' 不能被视为随机图.

稀疏图. 设 G 有 n 个点, 每条边出现的概率为 $p = n^{\varepsilon-1}$. 令 $X^{(k)}$ 表示 $\overline{G}$ 中 k-团的数目. 则

$$E[X^{(k)}] = \binom{n}{k}(1-p)^{\binom{k}{2}}$$
$$\sim \left(\frac{ne}{k}\right)^k e^{-pk^2/2} = \left[\frac{ne}{k}e^{-pk/2}\right]^k.$$

对于 $k > (2\varepsilon \ln n)/p$, $E[X^{(k)}] \ll 1$, 因此 $\omega(\overline{G}) \leqslant k$. 令平均度 $d = np = n^{\varepsilon}$. 则

$$\chi(G) > n/k \sim d/(2\ln d).$$

上述 $p = \frac{1}{2}$ 时 G 的色数的上界的证明过程也适用于这种情况, 并给出

$$\chi(G) < d/(\ln d).$$

早期的重要结论. 我发现, 当定理的陈述似乎不需要使用概率方法时, 它是最引人注目的. 以下是我最喜欢的 Paul Erdős 的结果.

定理7.2 对于所有的 K, L, 存在图 G 满足

$$\chi(G) > L, \quad \mathrm{girth}(G) > K,$$

其中 $\mathrm{girth}(G)$ 表示 G 的围长.

证明 固定正数 $\varepsilon < 1/k$, 令 G 为有 n 个点且每条边出现概率为 $p = n^{\varepsilon-1}$ 的随机图. 我们已经证明了

$$\omega(\overline{G}) < cn^{1-\varepsilon}(\ln n) \tag{7.2}$$

几乎总是成立. 用 Y 表示 G 中长度至多为 k 的圈的数目. 对于 $3 \leqslant i \leqslant k$, 在 G 中有 $\binom{n}{i}i!/2 = (n)_i/2i$ 个可能出现的 i-圈并且每个出现的概率为 p^i. 所以

$$E[Y] = \sum_{i=3}^{k}[(n)_i/2i]p^i = \sum_{i=3}^{k}n^{\varepsilon i}/2i = o(n).$$

因此, 几乎总是有

$$Y < n/2. \tag{7.3}$$

选择足够大的 n 使得(7.2)和(7.3)每个发生的概率大于 $\frac{1}{2}$. 以正概率两者成立. 即存在具有 n 个顶点的图 G 满足(7.2)和(7.3). 从 G 的每个大小最多为 k 的圈中删除一个顶点, 留下子图 G'. 显然 girth$(G') > k$, 因为我们已经破坏了长度较小的圈. 最多删除 Y 个点, 因此 G' 至少有 $n/2$ 个顶点. 同样 $\omega(\overline{G'}) \leqslant \omega(\overline{G}) = cn^{1-\varepsilon}(\ln n)$, 因此

$$\chi(G') > (n/2)/(cn^{1-\varepsilon}\ln n) = kn^{\varepsilon}/\ln n.$$

取足够大的 n 使下界至少为 L.　　■

通过鞅集中. 鞅方法允许人们证明一个图函数在分布中是紧密集中的, 尽管它没有说这种集中发生在哪里. 鞅是一个随机过程 $X_0, \cdots, X_n$, 其中 $E[X_{i+1}|X_i] = X_i$. (下面关于鞅的偏差的界遵循第 4 讲的论点.)

定理7.3 令 $0 = X_0, X_1, \cdots, X_n$ 是一个鞅, 满足 $|X_{i+1} - X_i| \leqslant 1$. 则

$$\Pr[X_n > \lambda] < e^{-\lambda^2/2n}.$$

证明 设 $Y_i = X_i - X_{i-1}$. 如果 Y 是任何一个满足 $E(Y) = 0$ 且 $|Y| \leqslant 1$ 的分布, 则 $f(y) = e^{\alpha y}$ 的凹性暗示着

$$E[e^{\alpha Y}] \leqslant \cosh(\alpha) \leqslant e^{\alpha^2/2}.$$

特别地,

$$E[e^{\alpha Y_i}|Y_1, \cdots, Y_{i-1}] < e^{\alpha^2/2}.$$

因此

$$E[e^{\alpha X_n}] = E\left[\prod_{i=1}^n e^{\alpha Y_i}\right] < e^{\alpha^2 n/2}$$

并且满足 $\alpha = \lambda/n$ 时

$$\Pr[X_n > \lambda] = E[e^{\alpha X_n}]e^{-\alpha\lambda} < e^{\alpha^2 n - \alpha\lambda} = e^{-\lambda^2/2n}.　　■$$

对于那些不熟悉鞅的人来说, 用赌博来类比可能会有所帮助. 想象一个公平的赌场, 其中可以选择各种游戏——抛硬币、轮盘赌 (没有 0 或 00)、不玩——每个游戏的期望都为零. 一个玩家用 X_0 美元进入并玩 n 轮. 他对游

戏的选择可能取决于之前的结果: "如果我在轮盘赌中输了 3 次, 我将转玩抛硬币"或"如果我赢了 50.00 美元, 我将退出". 假设单轮的最大收益或损失为 1.00 美元. 上述定理限制了玩家提前获得 λ 美元结束比赛的机会. 使用 λ 积分的精确结果是, 玩家的最佳策略是玩"抛硬币", 直到他赢了 λ 美元, 然后退出.

令 G 是一个点集为 $[n]$ 的随机图, 每条边出现的概率为 $p = \frac{1}{2}$. 对于 $1 \leqslant i \leqslant n$ 定义一个函数 X_i, 其定义域为 $[n]$ 上的图, 满足

$$X_i(H) = E[\chi(G)|G|_{[i]} = H|_{[i]}].$$

即当我们知道在 $[i]$ 上的 H 和 H 的所有其他边有独立的概率 $\frac{1}{2}$ 时 $X_i(H)$ 是 $\chi(H)$ 的预测值. 在极端情况下, $X_1(H) = E[\chi(G)]$ 是一个独立于 H 的常数, 并且 $X_n(H) = \chi(H)$. 随着越来越多的 H 被"揭露", 序列 $X_1, \cdots, X_n$ 向实际色数移动. 考虑随机图概率空间中的 H, 序列 $X_1, \cdots, X_n$ 形成一个鞅, 它是称为 Doob Martingale 过程的一般类的一部分. 基本上, 假设 $[i]$ 被揭露时 $\chi(H)$ 的预测值是 X_i, 那么当 $i+1$ 被揭露时预测值的平均值还是 X_i. 在第 6 讲中发生了类似的情况, 其中 $E[\sum |R_i| |y_1, \cdots, y_{j-1}]$ 是可能的 $E[\sum |R_i| |y_1, \cdots, y_j]$ 的平均值. 同样, $|X_{i+1} - X_i| \leqslant 1$. 对于任何 H, 知道第 $(i+1)$ 点只能将 $E[\chi(H)]$ 改变 1, 因为本质上, 一点对色数的影响最多只能为 1. 我们通过减去 $c = E[\chi(G)]$ 进行规范化, 并应用鞅偏差的界.

定理7.4 令 H 是有 n 个点且每条边出现的概率为 $\frac{1}{2}$ 的随机图. 当 c 满足如上所述时有

$$\Pr[|\chi(H) - c| > \lambda\sqrt{n-1}] < 2e^{-\lambda^2/2}.$$

当 $\lambda = \omega(n) \to \infty$ 任意慢时, 这意味着色数的分布集中在宽度为 $\sqrt{n}\omega(n)$ 的区间内. 但是请注意, 我们不能确定这个区间在哪里, 因此之前给定的 $\chi(G)$ 的边界保持开放.

这个证明适用于任何 p 值. 如果 $p = p(n)$ 接近零, 则此方法的改进会提供更紧的集中. 当 $p = n^{-a}$ 且 $a > 5/6$ 时会出现最强的结果. 此时 $\chi(G)$ 集

中在五个值上——存在 $k = k(n)$(但我们不知道它是什么!) 使得 $\chi(G)$ 几乎总是 $k, k+1, k+2, k+3$ 或 $k+4$.

参 考 文 献

第 3 讲中引用的 Bollobás 和 Palmer 的书籍再次提供了基本参考. 大围长和大色数参见:

P. ERDŐS, *Graph theory and probability*, Canad. J. Math., 11 (1959), pp. 34–38.

有关鞅结果, 请参见:

E. SHAMIR AND J. SPENCER, *Sharp concentration of the chromatic number on random graphs $G_{n,p}$*, Combinatorica, 7 (1987), pp. 121–129.

第 8 讲　Lovász 局部引理

引理. 设 $A_1, \cdots, A_n$ 是概率空间中的事件. 在组合应用中 A_i 是"坏"事件. 我们希望证明 $\Pr[\bigwedge \bar{A}_i] > 0$ 使得有一个点 (染色、竞赛图、构造)x 是好的. 第 1 讲的基本概率方法可以写成:

计数筛选. 如果 $\sum \Pr[A_i] < 1$, 则 $\Pr[\bigwedge \bar{A}_i] > 0$.

还有其他简单的条件来保证 $\Pr[\bigwedge \bar{A}_i] > 0$.

独立筛选. 如果 $A_1, \cdots, A_n$ 是互相独立的并且所有的 $\Pr[A_i] < 1$, 则 $\Pr[\bigwedge \bar{A}_i] > 0$.

Lovász 局部引理是一种筛选方法, 它允许 A_i 之间存在某种相关性. 顶点集为 $[n]$(A_i 的下标) 的图 G 被称为 $A_1, \cdots, A_n$ 的相关图, 如果对于所有 i, A_i 与所有 A_j 相互独立, 其中 $\{i,j\} \notin E(G)$. (也就是说, A_i 独立于这些 A_j 的任何布尔函数.)

Lovász 局部引理 (对称形式). 令 $A_1, \cdots, A_n$ 是相关图 G 中的事件, 使得对所有的 i, $\Pr[A_i] \leqslant p$, $\deg(i) \leqslant d$ 并且 $4dp < 1$, 则

$$\Pr\left[\bigwedge \bar{A}_i\right] > 0.$$

证明　我们通过对 s 进行归纳证明如果 $|S| \leqslant s$, 那么对于任何的 i

$$\Pr\left[A_i \Big| \bigwedge_{j \in S} \bar{A}_j\right] \leqslant 2p. \tag{8.1}$$

对于 $S = \emptyset$ 这是显然的. 假设对 $|S| < s$, (8.1)成立. 现考虑 $|S| = s$. 为方便起见重新编号, 使 $i = n$, $S = \{1, \cdots, s\}$ 并且 $\{i, x\} \notin G$(对于 $x > d$). 现在

$$\Pr\left[A_n | \bar{A}_1 \cdots \bar{A}_s\right] = \frac{\Pr[A_n \bar{A}_1 \cdots \bar{A}_d | \bar{A}_{d+1} \cdots \bar{A}_s]}{\Pr[\bar{A}_1 \cdots \bar{A}_d | \bar{A}_{d+1} \cdots \bar{A}_s]}.$$

我们界定分子, 因为 A_n 和 $A_{d+1}, \cdots, A_s$ 是相互独立的, 所以

$$\Pr[A_n \bar{A}_1 \cdots \bar{A}_d | \bar{A}_{d+1} \cdots \bar{A}_s] \leqslant \Pr[A_n | \bar{A}_{d+1} \cdots \bar{A}_s]$$
$$= \Pr[A_n] \leqslant p.$$

我们界定分母

$$\Pr[\bar{A}_1 \cdots \bar{A}_d | \bar{A}_{d+1} \cdots \bar{A}_s] \geqslant 1 - \sum_{i=1}^{d} \Pr[A_i | \bar{A}_{d+1} \cdots \bar{A}_s]$$
$$\geqslant 1 - \sum_{i=1}^{d} 2p \quad (\text{归纳})$$
$$= 1 - 2pd \geqslant \frac{1}{2}.$$

因此我们得到商

$$\Pr[A_n | \bar{A}_1 \cdots \bar{A}_s] \leqslant p \Big/ \frac{1}{2} = 2p,$$

完成了归纳. 最后

$$\Pr[\bar{A}_1 \cdots \bar{A}_n] = \prod_{i=1}^{n} \Pr[\bar{A}_i | \bar{A}_1 \cdots \bar{A}_{i-1}] \geqslant \prod_{i=1}^{n} (1 - 2p) > 0. \qquad \blacksquare$$

这个证明非常基础, 我认为应该在概率论的第一次课程中讲授. 它已经并将继续对概率方法产生深远的影响.

对角 Ramsey 函数. 关于 $R(k,k)$ 的下界, 我们在第 1 讲中首次使用概率方法, 提供了 Lovász 局部引理的简单应用. 考虑完全图 K_n 的一个随机 2-染色, 其中 A_S 表示事件 "S 是单色的", S 取遍所有的 k 元点集. 定义 G 的顶点集为 $[n]$ 的所有 k 元点集, 两个点 S, T 满足 $S, T \in E(G)$ 当且仅当 $|S \cap T| \geqslant 2$. 那么 A_S 与在 G 中和它不相邻的所有 A_T 相互独立, 因为 A_T 只给出关于 S 之外的边的信息. 因此 G 是一个相关图. (当 $|S \cap T| = 2$ 时, 事件 A_S, A_T 互相独立; 但是请注意, A_T 族的相互独立性远强于每个 A_T 的成对独立性. 回想一下例子: 我有两个孩子, 至少有一个是女孩. 两个孩子都是女孩的概率是多少? 第二个孩子是女孩的条件下概率是二分之一. 第一个孩子是女孩的条件下概率是二分之一. 至少有一个女孩的条件下, 它是三分之一.

但我离题了.) 我们应用 Lovász 局部引理, 其中 $p = \Pr[A_S] = 2^{1-\binom{k}{2}}$ 以及

$$d = |\{T : |S \cap T| \geqslant 2\}| \leqslant \binom{k}{2}\binom{n}{k-2}.$$

推论8.1   如果

$$4\binom{k}{2}\binom{n}{k-2}2^{1-\binom{k}{2}} < 1,$$

则 $R(k,k) > n$.

渐近性有些令人失望.

推论8.2

$$R(k,k) > \frac{\sqrt{2}}{e}k2^{k/2}(1+o(1)).$$

这将第 1 讲中给出的下界提高了 2 倍, 而第 2 讲中的删除方法 (奇怪的是, 它是在更好的界之后才发表的) 提高了 $\sqrt{2}$ 倍. 上下界的差距并没有真正得到有效缩小. Erdős 的下界是在 1946 年 4 月发现的 (1947 年发表), 这个难题的进展缓慢.

van der Waerden函数. 这里的改进更令人印象深刻. 随机对 $[n]$ 进行染色. 对于每个大小为 k 的等差数列 S, 令 A_S 表示事件"S 是单色的". 如果 S, T 相交, 则让它们在 G 中相邻. (在我们所有的应用中概率空间将是某个集合 Ω 的随机染色. 对于 Ramsey 定理, Ω 是 K_n 的边集. 如果事件处理不相交集上的染色, 则它们将不相邻.) 现在 $p = 2^{1-k}$ 以及 $d \leqslant nk$, 因为一个数列至多与 nk 个其他数列相交 (练习). 因此我们有以下定理.

定理8.1   如果 $4nk2^{1-k} < 1$, 则 $W(k) > n$. 即, $W(k) > 2^k/8k$.

这大大提高了第 1 讲中 $W(k) > 2^{k/2}$ 的界限. 我们必须坦诚地提到, 对于 p 是素数, $W(p) \geqslant p2^p$ 已经通过完全构造性的方式证明了!

算法? Lovász 局部引理证明了满足 $\bigwedge \bar{A}_i$ 的 x 的存在, 即使 $\Pr[\bigwedge \bar{A}_i]$ 可能呈指数级小. 我们在第 4 讲中已经看到, 当 $\sum \Pr[A_i] < 1$ 时, 通常有一种算法可以找到特定的"好"x.

开放题. Lovász 局部引理可以通过一个好的算法实现吗?

让我们更具体一点. 假设 $S_1, \cdots, S_n \subset [n]$ 满足所有的 $|S_i| = 10$ 并且所有 $\deg(j) = 90$. 两种颜色随机地对 $[n]$ 染色, 令 A_i 表示事件"S_i 是单色的".

i, i' 在相关图中相邻当且仅当它们对应的集合相交. 每个 S_i 与最多 90 个其他 $S_{i'}$ 相交. 我们应用 Lovász 局部引理, $p = \Pr[A_i] = 2^{-9}$ 且 $d = 90$. 因为 $4dp < 1$, $\Pr[\bigwedge \bar{A}_i] > 0$, 所以存在一种 2-染色 χ 使得没有单色的 S_i. 是否有多项式 (关于 n) 时间算法来找到这种染色?

请注意, 这里的 Lovász 局部引理保证了 "大海捞针" 的存在. 例如, 如果 $S_1, \cdots, S_{n/10}$ 不相交, 则随机 χ 是好的概率最高为 $(1 - 2^{-9})^{n/10}$. 我们真的可以在多项式时间内找到这个指数级小的针吗?

算法? 有时! 自杜兰戈讲座以来, Jozsef Beck在 Lovász 局部引理的算法实现方面取得了突破. 他的方法并不总是有效——特别是, 上述具体问题仍然悬而未决. 让我们稍微改变一下: 假设 $S_1, \cdots, S_n \subset [n]$ 满足所有的 $|S_i| = 200$ 并且所有 $\deg(j) = 200$. 我们在期望的多项式时间内找到没有单色 S 的红/蓝染色.

首先随机地对 $[n]$ 进行红蓝染色. 如果 S_i 中至少 180 个点是相同的颜色, 则称 S_i 为坏的. 对所有坏集合中的所有点取消染色, 留下部分染色. 如果 S_i 现在同时具有红点和蓝点, 则将其移走. 否则我们说 S_i 幸存下来, 令 S_i^* 为 S_i 的未染色点的集合. F^* 是由 S_i^* 构成的集族. 对现在未染色的点进行染色使得 F^* 中的任何集合都不是单色的就足够了.

如果 S_i 是坏的, 那么所有的 S_i 都是未染色的并且 $S_i^* = S_i$. S_i 为了生存必须与坏的 S_k 相交, 并且 $S_i - S_i^*$ 的点都是相同的颜色 (否则 S_i 被移走), 所以它们必须少于 180 个 (否则 S_i 是坏的), 由此 S^* 至少有 20 个点. 因此在 F^* 中的所有集合都至少有 20 个点.

用恰好 20 个点的子集 S_i^{**} 替换每个超过 20 个点的 S_i^*, 构成集族 F^{**}. 对未染色的点进行染色使得 F^{**} 中的任何集合都不是单色的就足够了. 但是每个顶点仍然在 F^{**} 中的最多 200 个集合中, 因此每个集合最多与 F^{**} 中的 4000 个其他集合相交. 由于 $4(4000) \, 2^{1-20} < 1$(通过我们明智地选择 180), Lovász 局部引理向我们保证所需的染色存在. 问题仍然存在: 我们如何找到它?

关键是 F^{**} 分解成小分支, 所有分支的大小为 $O(\ln n)$. 让我们从一个直

观 (虽然无效) 的论点开始. 一个集合是坏的概率是 200 次公平抛硬币中至少 180 次正面的概率的两倍, 小于 $3 \cdot 10^{-33}$. 对于一个存活下来的集合, 至少在其最多 40000 个邻点中有一个一定是坏的, 并且概率最多为 $2 \cdot 10^{-28}$. 构造一个顶点为初始集合 S_i 的图, 两个顶点相邻当且仅当它们相交. 该图有 n 个顶点, 最大度数最多为 40000. 幸存的集合形成一个随机子图, 每个顶点幸存的概率最多为 $2 \cdot 10^{-28}$, 因此在随机子图中集合的平均度数小于 $40000(2 \cdot 10^{-28})$. 当平均度数小于 1 时, 如第 3 讲所讨论的我们处于双跳之前, 并且所有分支的大小都是 $O(\ln n)$. 这种方法有几个困难, 其中最重要的是当 S_i, S_j 中的点重合较多时, 它们生存能力的相依性. 幸运的是, 这些困难都可以解决.

在 F^{**} 上定义一个图, 如果它们相交, 则在该图中它们相邻. 假设某 R 个集合在单个分支中. 每个集合在图中的度数最多为 4000. 开始取出 $T_1, T_2, \cdots,$ 其中每个 T_j 与所有先前的 T_i 的距离至少为 3, 并且与某个先前的 T_i 的距离恰好为 3. 只有当所有集合都在距离先前选择的集合为 2 的范围内时, 此过程才会停止, 因此我们肯定会得到 $T_1, \cdots, T_U$, 其中 $U = 10^{-8}R$. 任何幸存的集合都与某个坏集合相邻, 所以有相应的坏集合 $S_1, \cdots, S_U$ 使得 S_i 与 T_i 相邻. 由于 T_i 之间的距离至少为 3, 因此 S_i 互不相邻. 考虑 $\{S_1, \cdots, S_U\}$ 上的一个图, 其中如果两个集合在原始邻接图中的距离在 5 之内, 则它们被连接起来. 由于每个 T_j 都与前面的某个 T_i 的距离为 3, 所以每个 S_j 都与新图中的前一个 S_i 相邻, 因此新图是连通的, 从而它包含一棵树. 于是, 我们将有: $\{1, \cdots, U\}$ 上的树 T 和坏集合 $S_1, \cdots, S_U$, 满足若 j, i 在 T 中相邻, 则 S_j 和 S_i 的距离在 5 之内.

考虑同构的意义下, U 个点的树少于 4^U 个. 固定这样一棵树, 编号使得每个 $j > 1$ 与至少一个 $i < j$ 相邻. 现在计算潜在的 $(S_1, \cdots, S_U)$. S_1 有 n 个选择. 但是每个 S_j 的选择少于 $(40000)^5$ 个, 因为它必须与已经选择的 S_i 的距离在 5 以内. 但任何特定的互不相交的 $S_1, \cdots, S_U$ 都是坏的概率小于 $[2 \cdot 10^{-33}]^U$. 所以总的来说, 这种树的期望数少于

$$n[4 \cdot (40000)^5 \cdot 2 \cdot 10^{-33}]^U.$$

括号内的项小于 1. (可以将 200 稍微减少并且仍然得到这个结果, 但是不能一

直减少到 10.) 因此对于 $U = c_1 \ln n$, c_1 是一个绝对常数, 几乎必然不存在这样的树. 因此对于 $R = c_2 \ln n$, $c_2 = 10^8 c_1$, 几乎必然所有分支的大小小于 R.

现在介绍算法的要点. 我们首先染色, 接着去掉一些染色, 然后检查大小至多为上述 $R = c_2 \ln n$ 的所有分支. 大多数时候我们都会成功. 每个分支最多有 $c_3 \ln n$ 个点, $c_3 = 200 c_2$, 并且通过 Lovász 局部引理进行染色. 现在我们尝试所有的染色! 只有 $2^{c_3 \ln n}$ (多项式) 个染色, 每个都需要对数时间来检查, 所以在多项式时间内我们给每个分支染色. 因为分支数少于 n 个, 所以在多项式时间内, 所有未染色的点都可以被染色, 并且 F^{**} 中的所有集合都不是单色的.

一些评论. 上面的说法源于 Noga Alon, 与 Beck 最初的想法有些不同. 此参数允许并行实现. 虽然我们给出了一个概率算法, 但 Beck 和 Alon 的算法都可以完全去随机化. Beck 的算法实际上以非随机化的形式呈现. 最后, 上述算法是多项式的, 但指数可能相当高. 假设 200 被替换为, 比如说, 2000. 现在可以染色, 取消染色并留下 F^{**}, 其所有分支大小为 $O(\ln n)$. 但是参数设定 (对于适当大的 2000) 使得我们可以再次为每个分支染色, 取消染色, 留下 F^{****}. F^{****} 的分支大小现在是 $O(\ln \ln n)$. 因此, 对于每个分支尝试所有染色需要时间 $2^{O(\ln \ln n)}$. 总而言之, 这可以给出一个染色算法, 对于某些常数 c, 其总时间仅为 $O(n(\ln n)^c)$.

附录: 笑话. 在这里, 我们给出了 Lovász 局部引理的力量的一个讽刺的演示.

定理 8.2 令 S 和 T 为有限集, 满足 $|T| \geqslant 8|S|$, 则存在一个函数 f: $S \to T$ 是单射的.

证明 令 f 为随机函数. 对于每个 $\{x, y\} \subset S$, 令 A_{xy} 表示事件 $f(x) = f(y)$, 则 $\Pr[A_{xy}] = 1/|T| = p$. $\{x, y\}$ 和 $\{u, v\}$ 在相关图中相邻当且仅当它们相交. 所以相关图的最大度为 $d = 2(|S| - 1)$. 因为 $4dp < 1$, 所以有 $\Pr[\bigwedge \bar{A}_{xy}] > 0$. 因此存在一个 f, 对于所有的 x, y, $\bar{A}_{xy}$ 成立. 也就是说, f 是单射的.

当 $|T| = 365$ 和 $|S| = 23$ 时, "生日问题" 说 f 是单射的概率小于 $\frac{1}{2}$. 当

$|T| = 8|S|$ 时, 随机的 f 是单射的概率呈指数级小. 计数筛选仅当 $\binom{|S|}{2} < |T|$ 时证明了单射 f 的存在. ∎

Anti van der Waerden 定理. 这是 Lovász 局部引理的原始用法.

定理 8.3 令 k, m 满足 $4m(m-1)(1 - 1/k)^m < 1$. 令 $S \subset R$ 满足 $|S| = m$. 则存在一个 k-染色 $\chi : R \to [k]$ 使得每一个平移 $S + t$ 都是 k-色的. 即对所有的 $t \in T$ 和 $1 \leqslant i \leqslant k$, 存在 $s \in S$ 满足 $\chi(s + t) = i$.

如果不使用 Lovász 局部引理, 甚至很难证明具有此性质的 $m = m(k)$ 的存在性. 请注意平移和同位群之间的根本区别. Gallai 定理——van der Waerden 定理的推论, 指出对于所有有限 S 和所有有限染色 R 存在单色 $S' = aS + t$.

证明 首先我们令 $B \subset R$ 是一个任意的有限集, 并对 B 进行 k-染色, 使得所有 $S + t \subset B$ 有所有的 k 种颜色. 对 B 随机地染色. 对于每个使得 $S + t \subset B$ 的 t, 令 A_t 表示事件"$S + t$ 不具有所有的 k 种颜色". 则

$$\Pr[A_t] \leqslant k(1 - 1/k)^m = p.$$

令 t 和 t' 在相关图中相邻当且仅当 $S + t$ 和 $S + t'$ 相交. 对于给定的 t, 只有对于不同的 $s, s' \in S$, 当 $t' = t + s - s'$ 时才会出现这种情况, 因此相关图的度最多为 $d = m(m-1)$. k, m 的条件恰好满足 $4dp < 1$. 因此 Lovász 局部引理适用且 $\bigwedge \bar{A}_t \neq \emptyset$, 于是存在一个 B 的 k-染色, 其中位于 B 中的 S 的所有平移都具有所有 k 种颜色.

紧性. 为了给所有的 R 染色, 我们需要紧性原则. 我们把它写成一种方便的形式.

紧性原则. 令 Ω 是一个无限集, k 是一个整数, 并令 U 是一族对 (B, χ), 其中 $B \subset \Omega$ 是有限的, $\chi : B \to [k]$ 满足

(i) U 在约束条件下是封闭的. 即, 如果 $(B, \chi) \in U$ 并且 $B' \subset B$, 则 $(B', \chi|_{B'}) \in U$.

(ii) 对所有的 B, 某个 $(B, \chi) \in U$.

则存在 $\chi : \Omega \to [k]$ 使得

$$(B, \chi|_B) \in U, \quad \text{对于所有有限集 } B \subset \Omega.$$

证明 设 X 为所有 $\chi: \Omega \to [k]$ 的拓扑空间. 这里我们认为 $[k]$ 是离散的, X 具有通常的乘积拓扑. 也就是说, 开集的一组基由集合 $\{\chi : \chi(b_i) = a_i, 1 \leqslant i \leqslant s\}$ 取遍所有的 $s, b_1, \cdots, b_s, a_1, \cdots, a_s$ 给出. 对于每个有限的 B, 设 X_B 是满足 $(B, \chi|_B) \in U$ 的 $\chi \in X$ 构成的集合. 由 (ii), $X_B \neq \emptyset$. 根据 $\chi|_B$ 划分 $\chi \in X$ 给出了 X 的有限 ($|B|^k$) 划分, 并且这个划分既有开集又有闭集, 因此 X_B 是闭的, 因为它是这些集合的有限并. 对于任意 $B_1, \cdots, B_s$, 性质 (i) 给出

$$X_{B_1} \cap \cdots \cap X_{B_s} \supset X_{B_1 \cup \cdots \cup B_s} \neq \emptyset.$$

因为 X 是紧空间的乘积, 所以它是紧的. (这是 Tikhonov 定理, 等价于选择公理.) 由有限交性质, 可知 $\cap X_B \neq \emptyset$, 其中交取自所有有限 $B \subset \Omega$. 选择 $\chi \in X_B$. 对于所有有限的 B 和 $\chi \in X_B$, 我们就得到了所要的 $(B, \chi|_B) \in U$.   ∎

在应用中, 假设在有限集 Ω 上要求 k-染色以满足某些条件, 并且已知任何有限子集 $B \subset \Omega$ 都有满足这些条件的 k-染色. 然后将有限染色 (以一种逆极限形式) 连接起来, 得到所有 Ω 的染色. 特别地, 因为任何的 $B \subset R$ 可以被 k-染色, 所以存在 R 的一个 k-染色 χ 使所有的平移 $S + t$ 都有 k 种颜色, 这就完成了 Anti van der Waerden 定理的证明.   ∎

一般情形. 现在假设 A_i 可以有不同的概率.

Lovász 局部引理 (一般情形). 令 $A_1, \cdots, A_n$ 是相关图 G 中的事件. 假设存在 $x_1, \cdots, x_n \in [0, 1)$ 满足对所有的 i,

$$\Pr[A_i] < x_i \prod_{\{i,j\} \in G} (1 - x_j),$$

则

$$\Pr\left[\bigwedge A_i\right] > \prod_{i=1}^{n} (1 - x_i) > 0.$$

证明 我们通过对 s 进行归纳, 证明对所有的 i 和 $S(|S| \leqslant s)$,

$$\Pr\left[A_i \Big| \bigwedge_{j \in S} \bar{A}_j\right] < x_i. \tag{8.2}$$

当 $s = 0$ 时, 可以直接得到 $\Pr[A_i] < x_i \prod(1 - x_j) \leqslant x_i$. 假设 $|S| \leqslant s - 1$ 时, (8.2)成立. 现在重新编号, 使得 $i = n$, $S = \{1, \cdots, s\}$, 并且对于所有的 $x \in S$, $\{i, x\} \in G$, 其中 $i = 1, \cdots, d$. 注意到

$$\Pr[A_n | \bar{A}_1 \cdots \bar{A}_s] = \frac{\Pr[A_n \bar{A}_1 \cdots \bar{A}_d | \bar{A}_{d+1} \cdots \bar{A}_s]}{\Pr[\bar{A}_1 \cdots \bar{A}_d | \bar{A}_{d+1} \cdots \bar{A}_s]}.$$

我们像之前一样限制分子

$$\Pr[A_n \bar{A}_1 \cdots \bar{A}_d | \bar{A}_{d+1} \cdots \bar{A}_s] \leqslant \Pr[A_n | \bar{A}_{d+1} \cdots \bar{A}_s] = \Pr[A_n].$$

这次我们对分母的限制更仔细了,

$$\Pr[\bar{A}_1 \cdots \bar{A}_d | \bar{A}_{d+1} \cdots \bar{A}_s] = \prod_{i=1}^{d} \Pr[\bar{A}_i | \bar{A}_{i+1} \cdots \bar{A}_s]$$
$$\geqslant \prod_{i=1}^{d} (1 - x_i). \quad \text{(归纳)}$$

因此, 我们有商

$$\Pr[A_n | \bar{A}_1 \cdots \bar{A}_s] \leqslant \Pr[A_n] \Big/ \prod_{\{n, i\} \in G} (1 - x_i) < x_i,$$

完成了归纳. 最后

$$\Pr[\bar{A}_1 \cdots \bar{A}_n] = \prod_{i=1}^{n} \Pr[\bar{A}_i | \bar{A}_1 \cdots \bar{A}_{i-1}]$$
$$> \prod_{i=1}^{n} (1 - x_i) > 0. \qquad \blacksquare$$

这允许在对称情况下进行小的、通常不重要的改进. 假设所有 $\Pr[A_j] \leqslant p$ 以及 $\deg(i) \leqslant d$. 由于所有 $x_i = x$, 于是上述条件变为 $\Pr[A_i] \leqslant x(1 - x)^d$. 我们可以最优地选择 $x = 1/(d+1)$ 使得 $\Pr[A_i] < d^d/(d+1)^{d+1}$. 这允许我们渐近地 (因为 $d \to \infty$) 用 e 替换 4 使得如果 $(e + o(1))dp < 1$, 则 $\bigwedge \bar{A}_i \neq \emptyset$. e 已被证明是该结果的最佳可能常数.

令 $y_i = x_i / (\Pr[A_i])$, 一般情形的条件可以重写为

$$\ln y_i > \sum_{\{i, j\} \in G} -\ln(1 - y_j \Pr[A_j]).$$

由于 $-\ln(1-\delta) \sim \delta$, 这大致意味着

$$\ln y_i > \sum_{\{i,j\} \in G} y_j \Pr[A_j].$$

在较早的版本中, 这种替换是错误的. 现在让我们给出一个更复杂但正确的替换. 从泰勒级数 $-\ln(1-\delta) = \delta + \frac{1}{2}\delta^2 + O(\delta^3)$ 计算可得, 对于 $\delta \leqslant 0.1$, 有 $-\ln(1-\delta) < \delta(1+\delta)$.

推论8.3 令 $A_1, \cdots, A_n$ 是相关图 G 上的事件. 如果存在 $y_1, \cdots, y_n$ 以及 $\delta \leqslant 0.1$, 其中 $0 < y_i < \delta / \Pr[A_i]$, 满足对所有的 i,

$$\ln y_i > (1+\delta) \sum_{\{i,j\} \in G} y_j \Pr[A_j],$$

则

$$\Pr[\bar{A}_1 \cdots \bar{A}_n] > \prod_{i=1}^{n} (1 - y_i \Pr[A_i]) > 0.$$

$R(3,k)$ **的下界.** 让我们应用 Lovász 局部引理的一般形式来给出 $R(3,k)$ 的一个下界. 回想一下, 基本的概率方法 "什么都没有" 给出, 删除方法给出 $R(3,k) > k^{3/2+o(1)}$. 以概率 p 独立地对 K_n 的每条边染红色. 对于每个 3 元集 S, 令 A_S 为事件 "S 是红色的", 并且对于每个 k 元集 T, 令 B_T 表示事件 "T 是蓝色的", 则

$$\Pr[A_S] = p^3, \quad \Pr[B_T] = (1-p)^{\binom{k}{2}} \sim e^{-pk^2/2}.$$

如果 S, S' 有共同边, 则令 S, S' 在相关图中相邻; 这对 S, T 或 T, T' 同样成立. 每个 S 仅与 $3(n-3) \sim 3n$ 个其他 S' 相邻 (重要的节省). 每个 T 与小于 $\binom{k}{2} n < k^2 n/2$ 个 S 相邻. 我们只使用了每个 S 或 T 最多与 $\binom{n}{k}$ 个 T 或 T' 相邻的性质. 假设对于每个 A_S 我们关联相同的 $y_S = y$, 并且对于每个 B_T 关联相同的 $y_T = z$. 则 Lovász 局部引理大致采用以下形式: 如果存在 p, y, z 满足

$$\ln y > y(3n)p^3 + z\binom{n}{k}e^{-pk^2/2},$$

$$\ln z > y(k^2n/2)p^3 + z\binom{n}{k}e^{-pk^2/2},$$

$$yp^3 < 1, \quad ze^{-pk^2/2} < 1,$$

则 $R(3, k) > n$. 使得满足这些条件的 p, y, z 存在的最大的 $k = k(n)$ 是多少? 基本分析 (和一个自由的周末!) 给出的最佳结果是

$$p = c_1 n^{-1/2}, \quad k = c_2 n^{1/2} \ln n,$$
$$z = \exp[c_3 n^{1/2} (\ln n)^2], \quad y = 1 + \varepsilon,$$

以及适当的常数值. 如果我们用 k 来表示 n, 则

$$R(3, k) > ck^2 / \ln^2 k.$$

这与 1961 年 Erdős 的结果相吻合, 其中使用了一种非常微妙的删除方法.

    $R(4, k)$ 呢? 基本概率方法给出了一个下界 $k^{3/2 + o(1)}$. 删除方法将此改进为 $k^{2 + o(1)}$. 从 Lovász 局部引理可以得到 (试试看!)$R(4, k) > k^{5/2 + o(1)}$. 上界是 $R(4, k) < k^{3 + o(1)}$, 因此仍然存在很大差距.

参 考 文 献

Lovász 局部引理首次出现在:

P. ERDŐS AND L. LOVÁSZ, *Problems and results on 3-chromatic hypergraphs and some related questions*, in Infinite and Finite Sets, North Holland, Amsterdam-New York, 1975.

Ramsey 数的应用在:

J. SPENCER, *Asymptotic lower bounds for Ramsey functions*, Discrete Math., 20 (1977), pp. 69–76.

Lovász 局部引理的算法实现在:

J. BECK, *An algorithmic approach to the Lovász Local Lemma*, I., Random Structures & Algorithms, 2 (1991), pp. 343–366.

以及

N. ALON, *A parallel algorithmic version of the Local Lemma*, Random Structures & Algorithms, 2 (1991), pp. 367–378.

第 9 讲　差异 II

对于一个集合族 $\mathscr{A} \subset 2^{\Omega}$, 度 $\deg(x)$ 是满足 $x \in S$ 的 $S \in \mathscr{A}$ 的数量, 度 $\deg(\mathscr{A})$ 是对所有 $x \in \Omega$ 取最大 $\deg(x)$. 本讲的主要结果是以下定理.

Beck-Fiala 定理. 如果 $\deg(\mathscr{A}) \leqslant t$, 则 $\operatorname{disc}(\mathscr{A}) \leqslant 2t - 1$.

对我来说值得注意的是, 当集合的数量和集合的大小是无界的并且只有度数是有界的时, 可以对 $\deg(\mathscr{A})$ 进行任何限制. 尽管如此, 我们仍将探索获得更强大结果的可能性.

猜想. 如果 $\deg(\mathscr{A}) \leqslant t$, 则 $\operatorname{disc}(\mathscr{A}) \leqslant K t^{1/2}$.

我们将首先给出一个比 Beck-Fiala 定理弱的结果, 希望其中的方法可以改进.

弱定理. 如果 $\deg(\mathscr{A}) \leqslant t$, 则 $\operatorname{disc}(\mathscr{A}) \leqslant t \lg t (1 + o(1))$.

鸽笼原理. Ω 的部分染色是指映射 $\chi : \Omega \to \{-1, 0, 1\}$, 其中 $\chi \neq 0$. 我们可以将 χ 视为一个 2-染色, 其中 $\chi(a) = 0$ 意味着 a 没有被染色. 我们像以前一样定义 $\chi(S) = \sum_{a \in S} \chi(a)$. 如果对于所有 $A \in \mathscr{A}$, $\chi(A) = 0$, 则部分染色 χ 被称为在 $\mathscr{A}$ 上是完美的.

定理9.1 如果 $\mathscr{A} \subset 2^{\Omega}$ 并且

$$\prod_{S \in \mathscr{A}} (1 + |S|) < 2^{|\Omega|},$$

则存在完美部分染色.

证明 方便起见记 $\mathscr{A} = \{S_1, \cdots, S_m\}$, 对于每个 $\chi : \Omega \to \{-1, +1\}$ 我们关联 m 元组

$$\Psi(\chi) = (\chi(S_1), \cdots, \chi(S_m)).$$

$\Psi(\chi)$ 最多有 $\prod(1 + |S_i|)$ 个可能的值, 因为第 i 个坐标是 $1 + |S_i|$ 个值中的一个. 由鸽笼原理知 χ 不是单射的, 于是存在 χ_1, χ_2 满足 $\Psi(\chi_1) = \Psi(\chi_2)$, 即

对每个 i, $\chi_1(S_i) = \chi_2(S_i)$. 现在设

$$\chi = (\chi_1 - \chi_2)/2.$$

观察到 $\chi(i) \in \{-1, 0, 1\}$ 满足 $\chi(i) = 0$ 当且仅当 $\chi_1(i) = \chi_2(i)$. 对于所有的 i,

$$\chi(S_i) = (\chi_1(S_i) - \chi_2(S_i))/2 = 0,$$

所以 χ 是一个完美部分染色. ∎

在最后两讲中, 我们将看到鸽笼原理是一种强大的工具, 与概率技术相结合有时是非常有效的. 鸽笼原理本质上是存在主义的——我觉得相比概率方法更是如此. 例如, $[n]$ 上的任何包含 $[n/\log_2 11]$ 个 10 元集的集族都具有完美部分染色, 但已知没有多项式时间算法可以找到它.

弱定理. 固定 $R \geqslant t \geqslant 3$ 并且令 $S_1, \cdots, S_m \subset [n]$, 其中对所有的 j, $\deg(j) \leqslant t$ 以及对所有的 i, $|S_i| \geqslant R$. 双计数可得

$$mR < \sum |S_i| = \sum \deg(j) < nt.$$

因此

$$m < n(t/R).$$

现在

$$\sum |S_i| + 1 \leqslant nt + m \leqslant n(t+1).$$

当所有项都尽可能小时, 固定一个总和以及一个下限基本上可以最大化乘积. 更准确地说, 我们有以下引理.

引理9.2 如果 $y_1 + \cdots + y_m = A$, $y_i \geqslant K$(对于所有的 i), $K \geqslant e$, 则

$$\prod y_i < K^{A/K}.$$

证明 注意到

$$\ln\left(\prod y_i\right) = \sum \ln y_i = \sum y_i[(\ln y_i)/y_i].$$

因为函数 $f(y) = (\ln y)/y$ 对所有的 $y \geqslant e$ 是递减的, 因此所有的 $(\ln y_i)/y_i \leqslant (\ln K)/K$. 从而

$$\ln\left(\prod y_i\right) \leqslant \sum y_i[(\ln K)/K] = A(\ln K)/K,$$

我们通过对双方求幂得到引理 9.2 .

现在我们假设 $(R+1)^{t+1} < 2^{R+1}$. 如果我们应用引理 9.2 , 则可得

$$\prod(1 + |S_i|) \leqslant (R+1)^{n(t+1)/(R+1)} < 2^n,$$

所以会有 $\mathscr{A}$ 的一个完美部分染色. ∎

定理 9.3 令 R, t 满足 $(R+1)^{t+1} < 2^{R+1}$. 如果 $\deg(\mathscr{A}) \leqslant t$, 则 $\mathrm{disc}(\mathscr{A}) \leqslant R$.

渐近地, 我们取 $R = t \lg t(1 + o(1))$.

证明 令 $\mathscr{A} = \mathscr{A}_0$ 是 $\Omega = \Omega_0$ 上满足 $\deg(\mathscr{A}) \leqslant t$ 的任意的一个集族. 设 $\mathscr{A}_0^* = \{A \in \mathscr{A}_0 : |A| \geqslant R\}$ 并令 χ_0 是 $\mathscr{A}_0^*$ 的一个完美部分染色 (即, 忽略小集合). 设 $\Omega_1 = \{a \in \Omega_0 : \chi_0(a) = 0\}$(未染色的点), $\mathscr{A}_1 = \mathscr{A}_0|_{\Omega_1}$ 并且迭代. 我们找到一个部分染色的序列 $\chi_0, \chi_1, \cdots$, 当 $\Omega_s = \emptyset$ 时停止. 这定义了一个染色 χ 满足 $\chi(a) = \chi_i(a)$, 其中 $a \in \Omega_i - \Omega_{i+1}$. 对任意的 $A \in \mathscr{A}$, 令 r 是使得 $|A \cap \Omega_r| < R$ 的第一个整数. 对于 $0 \leqslant i < r$ 和 $A \in \mathscr{A}_i^*$, 我们有 $\chi_i(A) = 0$. 于是

$$\begin{aligned}
\chi(A) &= \sum_{i=0}^{s-1} \chi_i(A) \\
&= \sum_{i=0}^{r-1} \chi_i(A) + \chi(A \cap \Omega_r) \\
&= 0 + \chi(A \cap \Omega_r) \\
&\leqslant |A \cap \Omega_r| < R.
\end{aligned}$$

换句话说, A 是完美染色的, 直到它有少于 R 个未染色的元素. 然后它被忽略, 但它的差异不会大于 $R - 1$. ∎

浮动染色. 染色是一个映射 $\chi : \Omega \to \{-1, +1\}$. Beck-Fiala 定理的关键是将值 $\chi(a)$ 视为位于 $[-1, +1]$ 中任意位置的变量. 最初, 所有 $\chi(a)$ 都设为

零. 然后所有集合都具有零差异. 最后, 所有 $\chi(a)$ 必须为 -1 或 $+1$. 我们描述了从最初的平凡染色到最终的"真实"染色要迭代的过程.

为方便起见, 令 $S_1, \cdots, S_m$ 为集合且 $1, \cdots, n$ 为系统的点. 假设给出了值 $p_1, \cdots, p_n \in [-1, +1]$($p_j$ 是 $\chi(j)$ 的"当前"值). 如果 $p_j = \pm 1$, 则称 j 恒定; 否则称 j 浮动. 称 S_i 是可忽略的, 如果它最多有 t 个浮动点; 否则称 S_i 是活动的. 假设所有活动集具有零和, 即

$$\sum_{j \in S_i} p_j = 0, \quad S_i \text{是活动的}.$$

我们想要移动浮动的 p_j, 使得活动集仍然具有零和, 并且一些浮动的 p_j 变得恒定. 为方便起见重新编号, 使得 $1, \cdots, s$ 是浮动点, $S_1, \cdots, S_r$ 是活动集. 每个点总共在最多 t 个集合中, 每个活动集包含超过 t 个浮动点, 因此 $r < s$. 令 $(y_1, \cdots, y_s)$ 满足

$$\sum_{j \in S_i} y_j = 0, \quad 1 \leqslant i \leqslant r.$$

由于 $r < s$, 所以这个方程组有非零解. 令 λ 为最小正实数, 使得某个 $p_j + \lambda y_j \in \{-1, +1\}$. 设

$$p_j' = \begin{cases} p_j + \lambda y_j, & 1 \leqslant j \leqslant s, \\ p_j, & j > s. \end{cases}$$

任何一个活动集 S 有

$$\sum_{j \in S'} p_j' = \sum_{j \in S} p_j + \lambda \sum_{j \in S} y_j = 0 + \lambda \cdot 0 = 0.$$

λ 的选择确保所有 $p_j' \in [-1, +1]$ 以及 $p_1', \cdots, p_n'$ 的浮动点少于 $p_1, \cdots, p_n$ 的浮动点.

定理 9.4(Beck-Fiala 定理) 如果 $\deg(\mathscr{A}) \leqslant t$, 则 $\operatorname{disc}(\mathscr{A}) \leqslant 2t - 1$.

证明 初始设 $p_1 = \cdots = p_n = 0$ 并重复上述过程, 直到找到最终的 $p_1^F, \cdots, p_n^F$. 令 $S \in \mathscr{A}$ 并设 $p_1, \cdots, p_n$ 为当 S 第一次是可忽略的时 p_i 的值. 在那个阶段 $\sum_{j \in S} p_j = 0$. 因此

$$\left| \sum_{j \in S} p_j^F \right| = \left| \sum_{j \in S} (p_j^F - p_j) \right| \leqslant \sum_{j \in S} |p_j^F - p_j|.$$

当 S 是可忽略的时, 它最多有 t 个浮动点. 恒值 p_j 永远不会改变, 所以 $p_j = p_j^F$. 浮动点必须在区间 $[-1, +1]$ 内这样做, 所以 $|p_j - p_j^F| \leqslant 2$. 因此

$$\left| \sum_{j \in S} p_j^F \right| \leqslant 2t.$$

我们已经证明了 $\mathrm{disc}(\mathscr{A}) \leqslant 2t$. 对 $\mathrm{disc}(\mathscr{A}) \leqslant 2t - 1$ 的改进来自选择具有最小绝对值的 λ 使得某 $p_j + \lambda y_j = \pm 1$(练习). ∎

Komlos 猜想. Beck-Fiala 定理可以很容易地改写为向量形式. 对于 $x = (x_1, \cdots, x_m) \in R^m$ 我们分别用记号

$$|x|_1 = \sum |x_i|, \quad |x|_2 = \left[\sum x_i^2 \right]^{1/2}, \quad |x|_\infty = \max |x_0|$$

表示 L^1, L^2 和 L^∞ 范数.

Beck-Fiala 定理 (向量形式). 令 $u_1, \cdots, u_n \in R^m$ 满足所有的 $|u_j|_1 \leqslant 1$, 则对于一些符号的选择,

$$| \pm u_1 \pm \cdots \pm u_n |_\infty \leqslant 2.$$

证明 令 $u_j = (a_{1j}, \cdots, a_{mj})$ 为 $m \times n$ 矩阵 $A = [a_{ij}]$ 的列向量组. (在 0-1 的情况下, A 是集族 $\mathscr{A}$ 的关联矩阵.) 令 $p_1, \cdots, p_m \in [-1, +1]$ 是给定的. 如果 $p_j = \pm 1$, 则称 p_j 恒定; 否则浮动. 如果对于浮动 j 的求和 $\sum |a_{ij}| \leqslant 1$, 则称第 i 行是可忽略的, 否则称第 i 行是活动的. 由于每一列的绝对值之和最多为 1 (L^1 条件), 因此活动行数少于浮动列数. 对于每个活动的行 i, 在浮动的 j 上找到满足 $\sum a_{ij} y_j = 0$ 的 y_j. 由于这个方程组是不定的, 所以有一个非零解. 现在将 p_j 替换为 $p_j + \lambda y_j$, 其中 λ 使得所有 p_j 保留在 $[-1, +1]$ 且某些 p_j 变为常数.

最初我们设所有 $p_j = 0$ 并重复上述过程直到所有 $p_j = \pm 1$. 给定行具有零和 (即 $\sum a_{ij} p_j$), 直到它是可忽略的. 然后每个 p_j 最多变化 2, 因此总和也最多变化 2. ∎

下面是一个非常有趣的问题, 我为此付出了很多努力.

Komlos 猜想. 有一个绝对常数 K 使得对于所有 n, m 和所有 $u_1, \cdots, u_n \in R^m$(满足 $|u_j|_2 \leqslant 1$) 存在符号 $\pm$ 使得

$$| \pm u_1 \pm \cdots \pm u_n|_\infty \leqslant K.$$

通过第 5 讲的规约, 当 $n = m$ 时证明这个猜想就足够了. 令 u_j 为 $n \times n$ 矩阵 $A = [a_{ij}]$ 的列向量. 则 $\sum_j \sum_i a_{ij}^2 \leqslant \sum_j 1 = n$. 设 $\sigma_i = [\sum_j a_{ij}^2]^{1/2}$, 所以 $\sum_i \sigma_i^2 = n$. 如果所有 σ_i 大约是 1(但也许不是), 随机选择 $\pm$ 将给出 $\pm u_1 \pm \cdots \pm u_n = (L_1, \cdots, L_n)$, 其中 L_i 大致是标准正态分布. 我们想要所有的 $|L_i| \leqslant K$. 最后一讲的想法给了我们希望, 但没有证据.

令 $\mathscr{A} \subseteq 2^\Omega$ 且 $\deg(\mathscr{A}) \leqslant t$. 关联矩阵 A 有列向量 u_j 其中 $|u_j|_2 \leqslant t^{1/2}$. Komlos 猜想暗示存在满足 $| \pm u_1 \pm \cdots \pm u_n|_\infty \leqslant Kt^{1/2}$ 的符号. 这些符号是一个染色 χ, $| \pm u_1 \pm \cdots \pm u_n|_\infty = \mathrm{disc}(\mathscr{A}, \chi)$, 所以 $\mathrm{disc}(\mathscr{A}) \leqslant Kt^{1/2}$. 也就是说, Komlos 猜想意味着对 Beck-Fiala 定理的改进.

大多数涉及向量平衡的问题都使用一个范数来约束向量及其总和. 有趣的是, Beck-Fiala 定理和 Komlos 猜想在这方面都是例外的.

Barany-Grunberg 定理. 令 $v_1, v_2, \cdots$ 是 R^n 中的无限向量序列, 其中 $|v_i| \leqslant 1$. 则存在符号 $\varepsilon_i = \pm 1$ 使得

$$\left| \sum_{i=1}^t \varepsilon_i v_i \right| \leqslant 2n, \quad t = 1, 2, \cdots.$$

证明 假设 $p_1, \cdots, p_t \in [-1, +1]$ 满足:

(i) 最多 n 个 p_i 是浮动的 (即在 $(-1, +1)$ 中);

(ii) $p_1 v_1 + \cdots + p_t v_t = 0$.

我们给出一个从 t 到 $t+1$ 的过程. 引入 $p_{t+1} = 0$. 那么 (ii) 肯定是满足的, 但可能 p_i 中的 $n+1$ 个是浮动的. 方程组 $\sum y_j v_j = 0$, 其中对浮动 j 求和是不定的, 因此它有一个非零解. 令 λ 为使得一些浮动的 j 满足 $p_j + \lambda y_j = \pm 1$ 的最小正实数. 然后对每个浮动的 j 将 p_j 重置为 $p_j + \lambda y_j$. 条件 (ii) 成立, 因为

$$\sum (p_j + \lambda y_j) = \sum p_j v_j + \lambda \sum y_j v_j = 0 + 0 = 0$$

并且一些浮动的 j 已被设为常量, 因此 (i) 成立.

在"时间"$t = n$ 开始该过程, 其中 $p_1 = \cdots = p_n = 0$. "永远"继续它. 如果 p_i 曾经变成 ± 1, 那么它会停留在那里; 令 p_i^F 成为那个值. 否则任意设 $p_i^F = \pm 1$. 对于给定的 t, 令 $p_1, \cdots, p_t$ 是在"时间" t 的值, 因此 $p_1 v_1 + \cdots + p_t v_t = 0$. 则

$$|p_1^F v_1 + \cdots + p_t^F v_t| = \left| \sum_{i=1}^{t} (p_i^F - p_i) v_i \right|$$
$$\leqslant \sum_{i=1}^{t} |p_i^F - p_i| |v_i|.$$

现在除了最多 n 项外 $p_i^F = p_i$. 对于这些项 $|p_i^F - p_i| \leqslant 2$ 且 $|v_i| \leqslant 1$, 所以它们的乘积最多是 2. 因此 $|p_1^F v_1 + \cdots + p_t^F v_t| \leqslant 2n$. ∎

我们忘记了什么吗? 我们使用的是什么范数? 这是令人惊奇的部分. Barany-Grunberg 定理适用于 R^n 上的任何范数! 这引出了一个很好的问题: 我们是否可以改进这个结果, 例如, L^2 范数呢? 据推测如果 $u_i \in R^n$, 其中所有的 $|u_i|_2 \leqslant 1$, 则存在 $\varepsilon_i = \pm 1$ 使得

$$\left| \sum_{i=1}^{t} \varepsilon_i u_i \right|_2 < n^{1/2 + o(1)}, \quad \text{对所有} t.$$

奥林匹克问题. 以下问题出现在 1986 年国际数学奥林匹克竞赛中, 这是一场高中生国家队之间的竞赛. 试试看!

令 S 为有限格点集. 证明存在 S 的红蓝染色, 使得在每条水平和垂直线上, 红色和蓝色点的数量要么相等, 要么相差 1.

令 $\mathscr{A}$ 为 S 的水平线和垂直线族. 在我们的语言中, 问题要求我们证明 $\operatorname{disc}(\mathscr{A}) \leqslant 1$. 每个点在两条线上, 水平线和垂直线, 所以 $\deg(\mathscr{A}) \leqslant 2$. Beck-Fiala 定理给出 $\operatorname{disc}(\mathscr{A}) \leqslant 3$. 美国队的教练 Cecil Rousseau估计, 这个结果将获得一半的分数.

以下是解决方案: 假设有一个"圈"$P_0 P_1 \cdots P_{2k-1}$, 其中 $P_i P_{i+1}$ 在一条水平和垂直交替的公共线 i 上, 包括 $P_{2k-1} P_0$. 然后将 P_{2i} 染红色且 P_{2i+1} 染蓝色, 这就给出完美部分染色, 结果通过归纳得出. 否则令 $P_0 \cdots P_j$ 是一个最大的序列, 使得 $P_i P_{i+1}$ 在一条水平和垂直交替的公共线上. 再一次将 P_{2i} 染红

色且 P_{2i+1} 染蓝色. 除了没有在 P_1 方向的通过 P_0 的线和通过 P_j 的类似线之外, 所有线都是完美平衡的. 这些线具有不平衡性, 但由极大性, 这些线上除了 P_i 之外没有其他点. 因此, 结果再次由归纳得出.

在进行中的工作. 以下是通过证明 $\mathrm{disc}(\mathscr{A}) < t^{1/2+\varepsilon}$ 来改进 Beck-Fiala 定理的尝试. 这种尝试尚未成功, 我们给出的粗略估计反映了人们试图改进结果的思路. 令 Ω 包含 n 个元素, 并令 $\mathscr{A}$ 是一个度数为 t 的集族. 如果 $|S| > 100t\ln t$, 则称 S 是大的. 如果 $|S| < t^{1/2+\varepsilon}$, 则称 S 是小的. 如果 $t^{1/2+\varepsilon} < |S| < 100t\ln t$, 则称 S 是中等的. 我们忽略了小集合, 在大集合上找到了完美部分染色, 这个染色在中等集合上是合理的. 令 $\mathscr{C}$ 是一组染色 $\chi : \Omega \to \{-1, +1\}$ 使得

$$|\chi(S)| < 100|S|^{1/2}(\ln t)^{1/2}, \tag{9.1}$$

对于所有的中等 S. 为了估计 $\mathscr{C}$, 令 χ 是随机的, A_S 表示事件 "(9.1)失败", 则 (第 4 讲) $\Pr[A_S] < t^{-5000}$. 因为 $\deg(\mathscr{A}) < t$, 每个 A_S 在相关图中最多与 $|S|t < t^2$ 个其他的 $A_{S'}$ 相邻. Lovász 局部引理适用并且

$$\Pr\left[\bigwedge \bar{A}_S\right] > \prod(1 - 2\Pr[A_S]) > (1 - 2t^{-5000})^{nt} > 0.99^n,$$

所以 $\mathscr{C} > 1.98^n$. 令 $S_1, \cdots, S_r$ 是大集合, 并将 $\chi \in \mathscr{C}$ 映射到 $\psi(\chi) = (\chi(S_1), \cdots, \chi(S_r))$. 有 1.98^n 个鸽子和少于 1.01^n 个鸽笼; 因此有一个 $\mathscr{C}' \subset \mathscr{C}$, 使得 $|\mathscr{C}'| > 1.96^n$ 且在其上 $\chi(S)$ 对于所有大的 S 都是常数. 固定 $\chi_1 \in \mathscr{C}'$. 与 χ_1 最多在 $0.4n$ 个位置不同的 $\chi \in \mathscr{C}$ 的数量是

$$\sum_{i=0}^{0.4n} \binom{n}{i} < n\binom{n}{0.4n} \ll 1.96^n.$$

因此某些 $\chi_2 \in \mathscr{C}'$ 对于至少 $0.4n$ 个 i 满足 $\chi_2(i) \neq \chi_1(i)$. 现在设 $\chi = (\chi_1 - \chi_2)/2$. χ 是一个部分染色:

    (i) 在大集合上是完美的;

    (ii) 在中等集合上是合理的——$|\chi(S)| < 100|S|^{1/2}(\ln t)^{1/2}$;

    (iii) 为至少 40% 的点染色.

现在重复这个过程, 直到所有点都被染色.

会出什么问题? 大集合上染色完美, 小集合上伤害有限; 问题出现在中等集合上. 虽然 $\chi(S) < 100|S|^{1/2}(\ln t)^{1/2}$ 且 40% 的点是有颜色的, 但我们不知道 S 有多少点是染色的. 也许只有 S 中的 $k < 100|S|^{1/2}(\ln t)^{1/2}$ 个点是染色的, 而且它们都是红色的! 这似乎 "不太可能". 此外, 如果 40% 的点是染色的, 那么大多数中等 S 应该有许多点是染色的. 有很多方法可以选择 χ_2 并且因此得到 χ; 难道我们不能选择一个在与中等集合相交的意义上做得很好的吗? 但这全是猜测和挫败——没有证据.

如果我们限制 n, 那么 (iii) 对我们有帮助. 该过程仅迭代 $c\ln n$ 次. 我们确实得到了 Jozsef Beck 的以下结果.

定理9.5 如果 $\mathscr{A} \subseteq 2^{\Omega}$ 满足 $\deg(\mathscr{A}) \leqslant t$ 且 $|\Omega| = n$, 则

$$\text{disc}(\mathscr{A}) < ct^{1/2}(\ln t)^{1/2}(\ln n).$$

请注意, 如果 Beck-Fiala 定理是最好的可能, 那么证明 $\text{disc}(\mathscr{A}) > ct$ 的示例必须非常大——$n > e^{t^{1/2-o(1)}}$——确实如此.

参 考 文 献

对于 Beck-Fiala 定理:

J. BECK AND T. FIALA, *Integer-making theorems*, Discrete Appl. Math., 3 (1981), pp. 1–8.

对于 Barany-Grunberg 定理:

I. BARANY AND V. S. GRUNBERG, *On some combinatorial questions in finite dimensional spaces*, Linear Algebra Appl., 41 (1981), pp. 1–9.

我在第 10 讲中引用的论文中给出了 Komlos 猜想的部分结果.

第 10 讲　六个标准差就够了

我想每个数学家都有一个他最满意的结果. 以下是我的.

定理10.1　设 $S_1, \cdots, S_n \subset [n]$. 则存在 $\chi : [n] \to \{-1, +1\}$ 使得

$$|\chi(S_i)| < 6n^{1/2},$$

对于所有 $i, 1 \leqslant i \leqslant n$.

第 1 讲的基本方法已经给出 χ 满足 $|\chi(S_i)| < cn^{1/2}(\ln n)^{1/2}$. 从我们的角度来看, $n^{1/2}$ 是一个标准差. 当 χ 随机时 $|\chi(S)| > 6n^{1/2}$ 以小但正的概率 $\varepsilon < e^{-6^2/2} = e^{-18}$ 发生. 有 n 个集合, 所以满足 $|\chi(S_i)| > 6n^{1/2}$ 的 i 的期望数是 εn, 它随着 n 趋于无穷大. 随机的 χ 将不起作用; 关键是将概率概念与鸽笼原理相结合.

常数 6 只是计算的结果, 关键是它是一个绝对常数. 在原始论文中它是 5.32, 在我们的证明中"6"=11.

证明　令 C 为 $\chi : [n] \to \{-1, +1\}$ 构成的集合. 称 $\chi \in C$ 是现实的, 如果:

(1) $|\chi(S_i)| > 10n^{1/2}$, 对于至多 $4(2e^{-50})n$ 个 i,

(2) $|\chi(S_i)| > 30n^{1/2}$, 对于至多 $8(2e^{-450})n$ 个 i,

(3) $|\chi(S_i)| > 50n^{1/2}$, 对于至多 $16(2e^{-1250})n$ 个 i,

而且, 一般来说,

(s) $|\chi(S_i)| > 10(2s-1)n^{1/2}$, 对于至多 $2^{s+1}(2e^{-50(2s-1)^2})n$ 个 i.

断言. 至少有一半的 $\chi \in C$ 是现实的.

随机选择 $\chi \in C$. 令 Y_i 为 $|\chi(S_i)| > 10n^{1/2}$ 的指标随机变量. 设 $Y = \sum_{i=1}^{n} Y_i$. 则由第 4 讲的限制

$$E[Y_i] = \Pr[|\chi(S_i)| > 10n^{1/2}] < 2e^{-50}.$$

通过期望的线性性

$$E[Y] = \sum_{i=1}^{n} E[Y_i] = (2e^{-50})n.$$

(我们对 Y 的分布了解不多, 因为 Y_i 的依赖性可能很复杂, 它反映了 S_i 的交集模式. 幸运的是, 期望的线性性忽略了依赖性.) 因为 $Y \geqslant 0$, 所以

$$\Pr[Y > 4E[Y]] < \frac{1}{4}.$$

即,

$$\Pr[\chi\text{不满足}(1)] < \frac{1}{4}.$$

将相同的论点应用于 (2), 如果 $|\chi(S_i)| > 30n^{1/2}$, 则令 Y_i 为 1. $10^2/2 = 50$ 变为 $30^2/2 = 450$. 除了 4 更改为 8 之外, 一切都相同, 所以

$$\Pr[\chi\text{不满足}(2)] < \frac{1}{8}.$$

一般来说,

$$\Pr[\chi\text{不满足}(s)] < 2^{-s-1}.$$

因为并的概率至多是概率的总和, 所以

$$\Pr[\chi\text{不是现实的}] \leqslant \sum_{s=1}^{\infty} 2^{-s-1} = \frac{1}{2}.$$

一个随机的 χ 至少有 $\frac{1}{2}$ 的概率是现实的. 每个 χ 在概率空间中被赋予相等的权重 2^{-n}, 因此至少 2^{n-1} 个 χ 是现实的, 从而完成了断言.

现在我们定义一个映射

$$T(\chi) = (b_1, \cdots, b_n),$$

其中 b_i 是最接近 $\chi(S_i)/20n^{1/2}$ 的整数. 即 (见图 10.1),

$b_i = 0$ 意味着 $|\chi(S_i)| \leqslant 10n^{1/2}$,

$b_i = 0, \pm 1$ 意味着 $|\chi(S_i)| < 30n^{1/2}$, 等等.

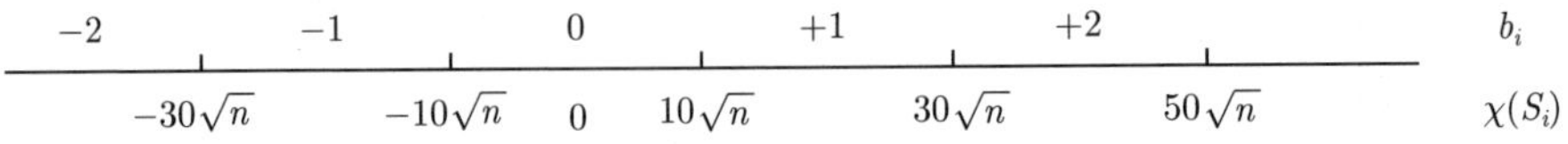

图 10.1

令 B 是可能的 $T(\chi)$ 构成的集合, 其中 χ 是现实的. 也就是说, B 是所有 $(b_1, \cdots, b_n)$ 使得:

(1) $b_i \neq 0$, 对于最多 $4(2e^{-50})n$ 个 i,

(2) $b_i \neq 0, \pm 1$, 对于最多 $8(2e^{-450})n$ 个 i,

并且, 一般来说,

(s) $|b_i| \geqslant s$, 对于最多 $2^{s+1}(2e^{-50(2s-1)^2})n$ 个 i.

(让我们为了几何视图暂停一下. 实际上我们证明如果 $A = [a_{ij}]$ 是一个 $n \times n$ 的矩阵, 其中所有 $|a_{ij}| \leqslant 1$, 则存在 $x \in C = \{-1, +1\}^n$ 使得 $|Ax|_\infty \leqslant Kn^{1/2}$. 我们考虑由 $x \to Ax$ 给出的 $A: R^n \to R^n$. 我们以原点为中心, 将范围分成大小为 $20n^{1/2}$ 的立方体. 我们想证明某个 $x \in C$ 被映射到中央立方体. 我们不能直接这样做, 但我们计划找到映射到同一个立方体的 $x, y \in C$ 并验证 $(x - y)/2$. 我们想使用鸽笼原理, 2^n 个 $x \in C$ 被映射到立方体中. 为此, 我们将注意力限制在 2^{n-1} 个现实的 x, 因为它们被映射到数量少得多的立方体中 (由下一个断言证明).)

断言. $|B| < (1.0000000000000001)^n$.

我们使用不等式, 对所有 n, 所有 $a \in [0,1]$ 都有效,

$$\sum_{i < na} \binom{n}{i} < 2^{nH(a)},$$

其中 $H(a) = -a \lg a - (1-a) \lg(1-a)$ 是熵函数. 我们最多可以有 $2^{nH(8e^{-50})}$ 种方式选择 $\{i : b_i \neq 0\}$. 则我们最多可以用 $2^{8e^{-50}n}$ 种方式选择非零的 b_i 的符号. 对于每个 s, 最多有 $2^{**}[nH(2^{s+1}e^{-50(2s+1)^2})]$ 种选择 $\{i : |b_i| > s\}$ 的方法. 这些选择决定了 $(b_1, \cdots, b_n)$. 因此 $|B| < 2^{\beta n}$, 其中

$$\beta = 8e^{-50} + H(8e^{-50}) + H(16e^{-450}) + H(32e^{-1250}) + \cdots.$$

该序列明显收敛, 并且断言来自计算.

现在将鸽笼原理应用于从 (至少) 2^{n-1} 个现实的 χ 到 (最多) $(1 + 10^{-16})^n$ 个鸽笼 B 的映射 T. 存在一个集合 C', 它至少有 $2^{n-1}/(1 + 10^{-16})^n$ 个现实的 χ 被映射到相同的 $(b_1, \cdots, b_n)$.

让我们将 C 视为具有度量

$$\rho(\chi_1, \chi_2) = |\{i : \chi_1(i) \neq \chi_2(i)\}|$$

的汉明立方体 $\{-1, +1\}^n$.

D. Kleitman证明了如果 $C' \subset C$ 且 $C' \geqslant \sum_{i \leqslant r} \binom{n}{i}$ 满足 $r \leqslant n$, 则 C' 的直径至少为 $2r$. 也就是说, 具有最小直径的给定阶数的集合是球. 在我们的例子中 $|C'| > 2^{n-1}/(1+10^{-16})^n$, 所以我们可以取 $r = \frac{1}{2}n(1-10^{-6})$ 有剩余空间并且 C' 的直径至少为 $n(1-10^{-6})$. 令 $\chi_1, \chi_2 \in C'$ 之间的距离最大. (Kleitman 定理并不是真正必要的. 第 9 讲末尾的基本论证给出了 C' 的直径至少为 $0.4999n$. 我们可以使用这个值并以更糟糕的方式完成证明, 但仍然是绝对常数, 值为"6".) 现在设

$$\chi = (\chi_1 - \chi_2)/2,$$

则 χ 是 $[n]$ 的部分染色. 因为 $T(\chi_1) = T(\chi_2)$, $\chi_1(S_i)$ 和 $\chi_2(S_i)$ 位于同一区间 $[(20b_i - 10)n^{1/2}, (20b_i + 10)n^{1/2}]$. 则

$$|\chi(S_i)| = |(\chi_1(S_i) - \chi_2(S_i))/2| \leqslant 10n^{1/2}, \tag{10.1}$$

且

$$|\{i : \chi(i) \neq 0\}| < 10^{-6}n. \tag{10.2}$$

现在迭代. 我们现在有 $10^{-6}n$ 个点上的 n 个集合. 如果只有 $10^{-6}n$ 个集合, 我们可以对除了百万分之一的点之外的所有点进行部分染色, 使所有集合的差异最多为 $10(10^{-6}n)^{1/2} = 0.01n^{1/2}$. 事情并不那么简单, 因为我们仍然有 n 个集合. 我们实际上需要以下结果: 给定在 r 个点上的 n 个集合, $r \leqslant n$, 除了最多百万分之一的点之外, 所有点都有部分染色, 因此所有

$$|\chi(S)| < 10r^{1/2}[\ln(2n/r)]^{1/2}.$$

该论点基本上是在 $r = n$ 时给出的, 但公式有点复杂. 让我们假设结果 (阅读原始论文!), 然后进行迭代. 在第二次迭代中,

$$|\chi(S)| < 10(n10^{-6})^{1/2}[\ln(2 \times 10^6)]^{1/2} < 0.4n.$$

未来的项下降得更快. 对数项虽然烦人, 但不会影响收敛. 最后, 所有点都被染色,

$$|\chi(S)| \leqslant 10n^{1/2} + 10(n10^{-6})^{1/2}[\ln(2 \times 10^6)]^{1/2}$$
$$+ 10(n10^{-12})^{1/2}[\ln(2 \times 10^{12})]^{1/2}$$
$$+ \cdots$$
$$\leqslant 11n^{1/2},$$

从而完成"6"=11 的证明. ∎

从第 5 讲的规约中, 我们得出以下结论.

推论 10.1 $\mathrm{disc}(\mathscr{A}) \leqslant K|\mathscr{A}|^{1/2}$. 也就是说, 给定任何 n 个有限集, 存在基本点的 2-染色使得每个集合的差异最多为 $Kn^{1/2}$.

这个结果在常数意义下是最优的. 这里有两个证明. 首先, 取一个 $n \times n$ 的哈达玛矩阵 $H = (h_{ij})$, 第一行全为 1. 设 $A = (a_{ij}) = (H + J)/2$ 使得当 $h_{ij} = 1$ 时 $a_{ij} = 1$, 当 $h_{ij} = -1$ 时 $a_{ij} = 0$. 令 $\vec{1}$ 表示元素全为 1 的列向量, $v_1, v_2, \cdots, v_n$ 为 H 的列以及 $w_1, w_2, \cdots, w_n$ 为 A 的列, 因此 $w_i = (v_i + \vec{1})/2$. 对于任何符号的选择,

$$u = \pm w_1 \pm w_2 \pm \cdots \pm w_n = \frac{1}{2}v + s\vec{1},$$

其中 $v = \pm v_1 \pm \cdots \pm v_n$. 由于 v_i 是正交的并且 $|v_i|_2 = n^{1/2}, |v|_2 = [n(n-1)]^{1/2}$, 以及 $v \cdot \vec{1} = 0$, 所以 $|u|_2 \geqslant \frac{1}{2}|v|_2 = [n(n-1)]^{1/2}/2$. 因此

$$|u|_\infty \geqslant (n-1)^{1/2}/2.$$

第二个证明涉及将概率论的方法翻转过来. 令 $T_1, \cdots, T_n$ 是随机选择的 $[n]$ 的子集. 也就是说, 对于所有 i, j, $\Pr[j \in T_i] = \frac{1}{2}$ 并且这些事件是相互独立的. 令 $\chi: [n] \to \{-1, +1\}$ 是任意但固定的. 令 $P = \{j : \chi(j) = +1\}, N = \{j : \chi(j) = -1\}, a = |P|$, 所以 $n - a = |N|$. 则 $|T_i \cap P|$ 具有二项分布 $B(a, \frac{1}{2})$

而 $|T_i \bigcap N|$ 有分布 $B(n-a, \frac{1}{2})$, 因此 $\chi(T_i)$ 有分布 $B(a, \frac{1}{2}) - B(n-a, \frac{1}{2})$. 当 $a = n/2$ 时 $\chi(T_i)$ 大致服从正态分布, 均值为零且标准差为 $\frac{1}{2}n^{1/2}$. 则

$$\lim_n \Pr\left[|\chi(T_i)| \leqslant \frac{1}{2}c\sqrt{n}\right] = \int_{-c}^{+c} \frac{1}{\sqrt{2\pi}} e^{-t^2/2} dt.$$

可以证明, 当 $a = n/2$ 时, 这个概率基本上是最大化的. 选择 $c \sim 0.67$ 使得上面的积分是 0.5. 稍微减小 c 使得不等式是严格的:

$$\Pr[|\chi(T_i)| < 0.33\sqrt{n}] < 0.499.$$

现在由于 T_i 是独立选择的, 因此事件 $|\chi(T_i)| > 0.33n^{1/2}$ 是相互独立的, 因此

$$\Pr[|\chi(T_i)| < 0.33n^{1/2}, 1 \leqslant i \leqslant n] < 0.499^n.$$

如果对于所有的 i, $|\chi(T_i)| < 0.33n^{1/2}$, 则令 Y_χ 为 1. 并令

$$Y = \sum Y_\chi$$

对所有的 2^n 个染色 χ 求和. 则

$$E[Y] = \sum_\chi E[Y_\chi] < 2^n(0.499)^n \ll 1.$$

因此, 事件 $Y = 0$ 具有正概率, 实际上概率接近 1. 概率空间中有一个点 (即实际集合 $T_1, \cdots, T_n$) 使得 $Y = 0$, 利用之前的定义, 这意味着集族 $\mathscr{A} = \{T_1, \cdots, T_n\}$ 的差异为 $\mathrm{disc}(\mathscr{A}) > 0.33n^{1/2}$.

让我们以向量形式重述本讲的基本定理.

定理10.2 令 $u_j \in R^n, 1 \leqslant j \leqslant n, |u_j|_\infty \leqslant 1$. 则对于某些符号的选择,

$$|\pm u_1 \pm \cdots \pm u_n|_\infty \leqslant Kn^{1/2}.$$

为了证明这一点, 我们设 $u = (L_1, \cdots, L_n) = \pm u_1 \pm \cdots \pm u_n$. 则每个 L_i 具有分布 $L_i = \pm a_{i1} \pm \cdots \pm a_{in}$, 满足所有的 $|a_{ij}| \leqslant 1$. 从第 4 讲的论点, 可知 $\Pr[|L_i| > 10n^{1/2}] < e^{-50}$ 等, 并且证明和以前一样.

第 5 讲的方法还允许我们用同时逼近的方式重新证明我们的结果. 给定数据 $a_{ij}, 1 \leqslant i \leqslant m, 1 \leqslant j \leqslant n$, 满足所有的 $a_{ij} \leqslant 1$. 给定初始值 $x_j, 1 \leqslant j \leqslant$

n. 同时舍入是一组整数 y_j, 每个 y_j 要么是 x_j 的"向上舍入", 要么是"向下舍入". 令 E_i 为误差

$$E_i = \sum_{j=1}^{n} a_{ij}(x_j - y_j),$$

E 是最大误差, $E = \max |E_i|$.

推论10.2 存在满足 $E \leqslant Km^{1/2}$ 的同时舍入.

是否有一个多项式时间算法可以提供此推论所保证的同时舍入? 给定 $u_1, \cdots, u_n \in R^n$ 满足所有的 $|u_j|_\infty \leqslant 1$, 是否存在多项式时间算法找到这样的符号 $|\pm u_1 \pm \cdots \pm u_n|_\infty < Kn^{1/2}$? 将这些定理转换为算法的困难可以追溯到本讲的基本定理, 我觉得困难在于鸽笼原理的使用. 在第 4 讲中, 我们看到有一个快速算法给出 $|\pm u_1 \pm \cdots \pm u_n|_\infty < cn^{1/2}(\ln n)^{1/2}$. 我们还看到没有非预期的算法可以做得更好. 也就是说, 更好的算法不能简单地根据 $u_1, \cdots, u_{j-1}, u_j$ 确定 u_j 的符号, 而是必须向前看. 我们还可以证明, 在概率方法的基础上, 存在 $u_1, \cdots, u_n$ 使得 $|\pm u_1 \pm \cdots \pm u_n|_\infty < Kn^{1/2}$ 的符号的选择数小于 2^n 中可能的 $(2-c)^n$ 种选择. 因此, 随机选择的符号将不起作用. 让我们重新表述为集合的语言, 并以以下问题结束本讲.

公开问题. 是否有一个多项式时间算法, 给定输入 $S_1, \cdots, S_n \subset [n]$, 输出 2-染色 $\chi : [n] \to \{-1, +1\}$ 使得对于所有 $i, 1 \leqslant i \leqslant n$,

$$|\chi(S_i)| \leqslant Kn^{1/2}?$$

参 考 文 献

J. SPENCER, *Six standard deviations suffice*, Trans. Amer. Math. Soc., 289 (1985), pp. 679–706.

附录 A Janson 不等式

不等式. 令 $A_1, \cdots, A_n$ 表示概率空间中的事件. 设

$$M = \prod_{i=1}^{m} \Pr[\bar{A}_i].$$

Janson 不等式有时允许我们当 A_i 相互独立时通过 M 估计 $\Pr[\bigwedge \bar{A}_i]$. 我们令 G 是第 8 讲提及的这些事件的相关图, 即, 顶点是指标 $i \in [m]$ 并且每个 A_i 都相互独立于所有 A_j, 其中 j 和 i 在 G 中不相邻. 我们记作 $i \sim j$, 如果 i 和 j 在 G 中相邻. 我们设 $\Delta = \sum_{i \sim j} \Pr[A_i \wedge A_j]$. 我们做出以下相关性假设:

(a) 对于所有的 i, S 满足 $i \notin S$,

$$\Pr\left[A_i \Big| \bigwedge_{j \in S} \bar{A}_j\right] \leqslant \Pr[A_i].$$

(b) 对于所有的 i, k, S 满足 i, $j \notin S$,

$$\Pr\left[A_i \wedge A_k \Big| \bigwedge_{j \in S} \bar{A}_j\right] \leqslant \Pr[A_i \wedge A_k].$$

最后, 令 ε 满足 $\Pr[A_i] \leqslant \varepsilon$, 对所有的 i.

Janson 不等式. 在上述假设下

$$M \leqslant \Pr\left[\bigwedge \bar{A}_i\right] \leqslant M e^{\Delta/[2(1-\varepsilon)]}.$$

我们设 A_i 发生的期望数为

$$\mu = \sum \Pr[A_i].$$

由于 $1 - x \leqslant e^{-x}$ 对于所有 $x \geqslant 0$ 成立, 我们可以界定 $M \leqslant e^{-\mu}$, 然后以稍弱但非常方便的形式重写上界

$$\Pr\left[\bigwedge \bar{A}_i\right] \leqslant e^{-\mu} e^{\Delta/[2(1-\varepsilon)]}.$$

在我们所有的应用中, $\varepsilon = o(1)$, 令人讨厌的因子 $1 - \varepsilon$ 并不是真正的麻烦. 事实上, 只要假设所有 $\Pr[A_i] \leqslant \frac{1}{2}$ 对于我们所知道的所有情况都足够了. 在许多情况下, 我们也有 $\Delta = o(1)$. 然后 Janson 不等式给出了 $\Pr[\bigwedge \bar{A}_i]$ 的渐近公式. 当 $\Delta \gg \mu$ 时, 也正如在一些重要情况下发生的那样, 上面给出了大于 1 的 $\Pr[\bigwedge \bar{A}_i]$ 的上界. 在这些情况下, 我们有时可以使用以下不等式:

扩展的 Janson 不等式. 在 Janson 不等式的假设以及额外的假设 $\Delta \geqslant \mu(1 - \varepsilon)$ 下, 有

$$\Pr\left[\bigwedge \bar{A}_i\right] \leqslant e^{-\mu^2(1-\varepsilon)/2\Delta}.$$

证明 根据相关性假设, Janson 不等式的下界是

$$\Pr\left[\bigwedge \bar{A}_i\right] = \prod_{i=1}^{m} \Pr[\bar{A}_i | \bar{A}_1 \cdots \bar{A}_{i+1}] \geqslant \prod \Pr[\bar{A}_i],$$

它等于 M. 上界可以使用关于 $\Pr[\bar{A}_i | \bar{A}_1 \cdots \bar{A}_{i-1}]$ 的上界. 重新编号以使 i 在相关图中与 $1, \cdots, d$ 相邻, 与 $d+1, \cdots, i-1$ 不相邻. 则

$$\Pr[A_i | \bar{A}_1 \cdots \bar{A}_{i-1}] = \frac{\Pr[A_i \bar{A}_1 \cdots \bar{A}_d | \bar{A}_{d+1} \cdots \bar{A}_{i-1}]}{\Pr[\bar{A}_1 \cdots \bar{A}_d | \bar{A}_{d+1} \cdots \bar{A}_{i-1}]}$$
$$\geqslant \Pr[A_i \bar{A}_1 \cdots \bar{A}_d | \bar{A}_{d+1} \cdots \bar{A}_{i-1}].$$

根据容斥原理, 保持条件不变, 这至少是

$$\Pr[A_i | \bar{A}_{d+1} \cdots \bar{A}_{i-1}] - \sum_{k=1}^{d} \Pr\left[A_i \wedge A_k | \bar{A}_{d+1} \cdots \bar{A}_{i-1}\right].$$

根据相关图的性质, 第一项恰好是 $\Pr[A_i]$. 相关假设给出每个加数最多为 $\Pr[A_i \wedge A_k]$. 因此

$$\Pr[A_i | \bar{A}_1 \cdots \bar{A}_{i-1}] \geqslant \Pr[A_i] - \sum_{k=1}^{d} \Pr\left[A_i \wedge A_k\right].$$

考虑补事件的概率,

$$\Pr[\bar{A}_i | \bar{A}_1 \cdots \bar{A}_{i-1}] \leqslant \Pr[\bar{A}_i] + \sum_{k=1}^{d} \Pr\left[A_i \wedge A_k\right].$$

因为 $\Pr[\bar{A}_i] \geqslant 1 - \varepsilon$ 和 $1 + x \leqslant e^x$ (对于所有正的 x), 我们发现

$$\Pr[\bar{A}_i | \bar{A}_1 \cdots \bar{A}_{i-1}] \leqslant \Pr[\bar{A}_i] \left(1 + \frac{1}{1-\varepsilon} \sum_{k=1}^{d} \Pr[A_i \wedge A_k] \right)$$

$$\leqslant \Pr[\bar{A}_i] \exp \left(\frac{1}{1-\varepsilon} \sum_{k=1}^{d} \Pr[A_i \wedge A_k] \right).$$

对所有的 $1 \leqslant i \leqslant n$ 将这些界相乘得到左侧的 $\Pr[\bar{A}_1 \cdots \bar{A}_n]$. 在右边, $\Pr[\bar{A}_i]$ 乘以 M. 在指数中, 对相关图中的每条边 $\{i, k\}$, 项 $\Pr[A_i \wedge A_k]$ 恰好出现一次. 因此, 它们的和为 $\Delta/2$, 给出了定理期待的因子 $e^{\Delta/[2(1-\varepsilon)]}$. ∎

现在我们转向扩展 Janson 不等式的证明. 这个概率定理的证明使用了概率方法! 我们从 Janson 不等式的重新表述开始

$$\Pr \left[\bigwedge \bar{A}_i \right] \leqslant e^{-\mu} e^{\Delta/[2(1-\varepsilon)]},$$

将它重写为

$$-\ln \left[\Pr \left[\bigwedge \bar{A}_i \right] \right] \geqslant \sum \Pr[A_i] - \frac{1}{2(1-\varepsilon)} \sum_{i \sim j} \Pr \left[A_i \wedge A_j \right],$$

其中 $i \sim j$ 意味着 i 和 j 在相关图中是相邻的. 对任意的 $I \subset \{1, \cdots, m\}$, 相同的结果对 $\bar{A}_i (i \in I)$ 的合取也成立:

$$-\ln \left[\Pr \left[\bigwedge_{i \in I} \bar{A}_i \right] \right] \geqslant \sum_{i \in I} \Pr[A_i] - \frac{1}{2(1-\varepsilon)} \sum_{i \sim j; i, j \in I} \Pr \left[A_i \wedge A_j \right].$$

考虑一个随机集合 $I \subset \{1, \cdots, m\}$, 其中 $\Pr[i \in I] = p$(下面 p 将是确定的) 并且事件 $i \in I$ 是相互独立的. 现在上面的两边都变成了随机变量, 我们可以取它们的期望! 对于每个 i, 加数 $\Pr[A_i]$ 以概率 p 出现在 $\sum_{i \in I} \Pr[A_i]$ 中, 因此它将 $p\Pr[A_i]$ 加到了期望中, 得到总和 $p\mu$. 但是当 $i \sim j$ 时, 加数 $\Pr[A_i \wedge A_j]$ 只以概率 p^2 出现在第二项中, 所以它的期望是 $p^2 \Delta/[2(1-\varepsilon)]$. 从而

$$E \left[-\ln \Pr \left[\bigwedge_{i \in I} \bar{A}_i \right] \right] \geqslant p\mu - \frac{1}{2(1-\varepsilon)} p^2 \Delta.$$

我们设

$$p = \frac{\mu(1-\varepsilon)}{\Delta}$$

(由我们的假设, 它小于 1), 为了最大化, 给出

$$E\Big[-\ln \Pr\Big[\bigwedge_{i\in I} \bar{A}_i\Big]\Big] \geqslant \frac{\mu^2(1-\varepsilon)}{2\Delta}.$$

因此, 存在一个特定的集合 I, 它的值至少这么大, 使得

$$\Pr\Big[\bigwedge_{i\in I} \bar{A}_i\Big] \leqslant e^{-\mu^2(1-\varepsilon)/2\Delta}.$$

但是对于所有的 i, $\bar{A}_i$ 的交集甚至比限制在集合 I 上 A_i 的交还要小, 这就得出了结果. ∎

在某种程度上, 停在第二项上, 我认为 Janson 不等式是一种容斥. 有时第二项比第一项大. 通过取更少的项, 即项的比例 p, 我们将第一项减去 p 的因子, 但第二项减去 p^2 的因子. 通过明智地选择 p, 第二项比第一项小, 但第一项仍然相当大.

随机图. 在我们的应用中, 基础概率空间将是随机图 $G(n,p)$. 事件 A_α 的形式都是 $G(n,p)$ 中由特定的边构成的集合 E_α. 相关性假设是一个更普遍的结果, 称为 FKG 不等式. 我们自然地通过仅当 $E_\alpha \cap E_\beta \neq \emptyset$ 时 A_α, A_β 相邻而得到一个相关图.

让我们参数化 $p = c/n$ 并考虑称为 TF 的性质, 即 G 是无三角形的. 令 A_{ijk} 表示事件 $\{i,j,k\}$ 是 G 中的三角形. 那么

$$TF = \bigwedge \bar{A}_{ijk},$$

交取遍所有的三元组 $\{i,j,k\}$. 我们计算

$$M = (1-p^3)^{\binom{n}{k}} \sim e^{-\mu},$$

其中 $\mu = \binom{n}{3}p^3 \sim c^3/6$. 注意到我们只需要考虑 $A_{ijk} \wedge A_{ij\ell}$ 形式的项来约束 Δ, 这是因为否则的话边集不会重叠. 这样的 i,j,k,ℓ 有 $O(n^4)$ 种选择. 对于每个事件 $A_{ijk} \wedge A_{ij\ell}$, 它是确定的 $G(n,p)$ 中的五个边 $(ij, ik, jk, i\ell, j\ell)$, 发生的概率为 p^5. 因此

$$\Delta = \sum \Pr\Big[A_{ijk} \wedge A_{ij\ell}\Big] = O(n^4 p^5).$$

对于 $p = c/n$, 我们有 $\varepsilon = O(n^{-3}) = o(1)$ 和 $\Delta = o(1)$, 因此 Janson 不等式给出一个渐近公式

$$\Pr[TF] \sim M \sim e^{-c^3/6}.$$

使用第 3 讲的 Poisson 近似方法已经可以做到这一点. 但是 Janson 不等式允许我们超越 $p = \Theta(1/n)$. $\Delta = o(1)$ 的计算有足够的空间. 对于任意的 $p = o(n^{-4/5})$, 我们有 $\Delta = o(1)$, 因此有一个渐近公式 $\Pr[TF] \sim M$. 例如, 如果 $p = \Theta((\ln n)^{1/3}/n)$, 这将得出 $G(n,p)$ 具有多项式小的概率是无三角形的. 一旦 p 达到 $n^{-4/5}$, Δ 的值变大, 我们不再有渐近公式. 但只要 $p = o(n^{-1/2})$, 我们有 $\Delta = O(n^4 p^5) = o(n^3 p^3) = o(\mu)$, 从而得到对数渐近公式

$$\Pr[TF] = e^{-\mu(1+o(1))} = e^{-(n^3 p^3/6)(1+o(1))}.$$

一旦 p 达到 $n^{-1/2}$, 我们就失去了这个公式. 但是现在扩展的 Janson 不等式开始发挥作用. 我们有 $\mu = \Theta(n^3 p^3)$ 和 $\Delta = \Theta(n^4 p^5)$, 所以对于 $p \gg n^{-1/2}$,

$$\Pr[TF] < e^{-\Omega(\mu^2/\Delta)} = e^{-\Omega(n^2 p)}.$$

扩展的 Janson 不等式通常只给出一个上界. 然而, 在这种情况下, 我们注意到 $\Pr[TF]$ 至少是 $G(n,p)$ 中没有任何边的概率, 因此, 对于 $n^{-1/2} \ll p \ll 1$,

$$\Pr[TF] > (1-p)^{\binom{n}{2}} = e^{-\Omega(n^2 p)}.$$

事实上, 只要多加注意, 对所有的 p 就可以将 $\Pr[TF]$ 估计为对数常数. 这些方法不仅仅适用于无三角形的情况. 在一篇出色的论文中, Andrzej Rucinski, Tomasz Łuczak 和 Svante Janson 研究了 $G(n,p)$ 不包含 H 的概率, 其中 H 是任意特定的图. 对于 p 的整个取值范围, 他们估计了这个概率, 接近对数常数. 他们的论文是 Janson 不等式的第一个也是最令人兴奋的应用之一.

色数. 让我们固定 $p = \frac{1}{2}$ 并令 $G \sim G(n,p)$. 1988 年, Béla Bollobás 发现了以下非凡的结果.

定理A.1 色数几乎必然满足

$$\chi(G) \sim \frac{n}{2\lg n}.$$

上界在第 7 讲中给出. 遵循第 7 讲的符号, 也许令人惊讶的是下界将基于团数 $\omega(G)$ 的大数偏差的结果. 就像那里所做的那样, 令 k_0 是满足 k-团的期望数低于 1 的第一个 k. 现在设 $k = k_0 - 4$. 令 $A_\alpha (1 \leqslant \alpha \leqslant \binom{n}{k})$ 是 G 包含各种可能的 k-团的事件, 因此 $\omega(G) < k$ 是事件 $\bigwedge \bar{A}_\alpha$. 我们想使用 Janson 不等式. 我们计算

$$\mu = \sum \Pr[A_\alpha] = f(k) > n^{3+o(1)},$$

因为在这个范围内 $f(k)/f(k+1) = n^{1+o(1)}$. 现在 Δ 是边相交 k-团的期望数. 这基本上是第 7 讲中完成的二阶矩法计算. 我们注意到 Δ 的主要项来自 k-团在一条边上相交并且

$$\Delta = \Theta(\mu^2 k^4 / n^2).$$

我们应用扩展的 Janson 不等式给出

$$\Pr[\omega(G) < k] = \Pr\left[\bigwedge \bar{A}_\alpha\right] < e^{-\Omega(\mu^2/\Delta)} = e^{-n^2 - o(1)}.$$

请注意, G 为空图的概率也具有 $e^{-n^2+o(1)}$ 的形式, 因此 $\omega(G) < k$ 与 G 为空图的概率 "几乎" 相同——尽管超指数中的 $o(1)$ 可以隐藏很多!

现在, Bollobás 的结果是比较基础的. 选择 $m = n/\ln^2 n$. 令 k_0 为使得 $G(m, 0.5)$ 中的 k-团的期望数低于 1 的第一个 k 并设 $k = k_0 - 4$. 因为原始的 $k_0(n) \sim 2\lg n$, 我们有 $k \sim 2\lg m \sim 2\lg n$. $G(m, 0.5)$ 的团数小于 k 的概率是 $e^{-m^2-o(1)} = e^{-n^2-o(1)}$. 实际上我们想要独立数, 但是当 $p = 0.5$ 时一个图和它的补图具有相同的分布, 因此 $G(m, 0.5)$ 的界也相同, 它没有大小为 k 的独立集. 原始的 $G(n, 0.5)$ "仅" 有 $\binom{n}{m} < 2^n = e^{n^{1+o(1)}}$ 个 m 元子集, 因此几乎必然每个 m-集合都有一个大小 $\sim 2\lg n$ 的独立集. 我们对图 $G \sim G(n, 0.5)$ 进行染色. 拿走大小 $\sim 2\lg n$ 的独立集, 直到剩下的点少于 m. (因为每个 m-集合都有这样一个子集, 所以 "剩下的点是非随机的" 并不重要!) 使用 $\sim (n - m/2)/2(\lg n) \sim n/(2\lg n)$ 种颜色给每个集合一个单独的颜色. 当剩余少于 m 个点时, 给每个点一个颜色. 虽然浪费, 但这仅使用 $m = o(n/\lg n)$ 种颜色. 我们总共用 $\sim n/(2\lg n)$ 种颜色为 G 染色.

名词索引

J. Doob, 2

Janson 不等式 (Janson inequality), 103,
107, 108

Jozsef Beck, 93

竞赛图 (tournament), 5, 17, 28, 62

紧性 (compactness), 51, 79

巨型分支 (giant component), 31

Katalin Vesztergombi, 55

Komlos 猜想 (Komlos conjecture), 89

扩展的 Janson 不等式 (extended
Janson inequality), 104, 105,
107, 108

László Lovász, 49

Lovász 局部引理 (Lovász Local
Lemma), 2, 73, 74, 76, 78, 92

Noga Alon, 78

女孩保管帽子问题 (hat check girl
problem), 9

Paul Erdős, 1, 22, 68

Paul Turán, 14, 33

Perter Shor, 46

Putnam 竞赛 (Putnam Competition),
59

平衡 (balanced), 26

泊松分布 (Poisson distribution), 9, 26

桥牌 (bridge), 9

切比雪夫不等式 (Chebyshev's
inequality), 23, 34

R. J. Anderson, 46

Ramanujan, 33

Ramsey 数 (Ramsey number), 1, 14, 65

Ron Fagin, 35

Saharon Shelah, 10, 31

Shmuel Winograd, 46

Svante Janson, 107

色数 (chromatic number), 67, 107

舍入 (round-off), 53, 101

双跳 (double jump), 32, 77

算法 (algorithm), 2

Thomas Brown, 63

Tomasz Łuczak, 107

团数 (clique number), 65, 108

图兰定理 (Turán's Theorem), 14

V. S. Grunberg, 93

van der Waerden, 10, 75

相关图 (dependency graph), 73, 76, 79,
104

小数定律 (Law of Small Numbers),4, 8

鞅 (martingale), 69

阈值函数 (threshold function), 3, 21,
22, 26, 29

中心极限定理 (Central Limit
Theorem), 7

主导分支 (dominant component), 32

概率方法十讲